高等职业教育新形态精品教材

数码摄影技巧与后期处理基础

主　编　李天华
参　编　李满春　孟庆林
刘　婷

DIGITAL PHOTOGRAPHY SKILLS AND POST PROCESSING BASIS

北京理工大学出版社
BEIJING INSTITUTE OF TECHNOLOGY PRESS

内 容 提 要

本书共分九章，第一章主要介绍摄影术的诞生和发展，摄影器材的发展，摄影的特点、功能以及摄影的分类；第二章主要介绍照相机与镜头；第三章主要介绍光圈、快门的作用及种类，曝光的概念及模式；第四章主要介绍了照相机的测光系统及常用的测光模式；第五章介绍了影响景深的因素、景深的选择及影响超焦距的因素和超焦距的应用；第六章主要介绍了摄影取景的一般技巧及取景三要素；第七章主要介绍了摄影的构图；第八章主要介绍了数码摄影后期基本制作技巧；第九章主要介绍了摄影作品赏析方面的相关知识。每章均配有复习题及实训项目，引导学生学习、思考及实践。

本书可作为高等职业院校艺术设计类相关专业教学用书，也可作为各类培训机构教材和摄影爱好者的学习参考用书。

图书在版编目（CIP）数据

数码摄影技巧与后期处理基础 / 李天华主编.—北京：北京理工大学出版社，2022.7重印
ISBN 978-7-5682-0814-7

Ⅰ.①数…　Ⅱ.①李…　Ⅲ.①数字照相机-摄影技术 ②图象处理软件　Ⅳ.①TB86 ②J41 ③TP391.413

中国版本图书馆CIP数据核字（2019）第043050号

出版发行 / 北京理工大学出版社有限责任公司
社　　址 / 北京市海淀区中关村南大街5号
邮　　编 / 100081
电　　话 / （010）68914775（总编室）
（010）82562903（教材售后服务热线）
（010）68944723（其他图书服务热线）
网　　址 / http：//www.bitpress.com.cn
经　　销 / 全国各地新华书店
印　　刷 / 河北鑫彩博图印刷有限公司
开　　本 / 787毫米×1092毫米　1/16
印　　张 / 6
字　　数 / 136千字
版　　次 / 2022年7月第1版第3次印刷
定　　价 / 45.00元

责任编辑 / 李玉昌
文案编辑 / 李玉昌
责任校对 / 周瑞红
责任印制 / 边心超

随着经济的快速发展，人们的生活水平不断改善与提高，物质生活极大丰富，人们的需求由物质需求转向个性化的精神需求。伴随网络技术的发展和摄影设备的普及，人们步入了“读图时代”“全民摄影时代”，摄影越来越受到人们的重视。摄影技术也广泛应用到了社会的方方面面，与人们的生活密不可分。与此同时，摄影爱好者越来越多。

摄影技术作为一门专业基础课程或选修课，已经在各大本科、高职高专院校开设，学生通过学习摄影知识，能在掌握摄影技术的同时受到全面的审美教育。

本书属于数码摄影课程的基础性教材，结合数码摄影技术的最新发展成果，顺应数字时代摄影教育改革的需要，重点针对高职教育人才培养的特点进行精心编写。本书的编写人员具有长期的一线教学经验，结合多年的摄影科研成果编写了本书，旨在满足摄影教学需要。

本书具有数码新技术的前沿性、从前期到后期的全面性、高职教育人才培养的实用性、内容精心编排的条理性、图文并茂的直观性、理论与实训项目结合的理实一体性等特点，可以切实提升学生的摄影技术水平。

由于编写时间仓促，编者水平有限，书中难免存在欠妥之处，请专家和读者不吝赐教、批评指正。

编　者

目录 CONTENTS

CHAPTER ONE

第一章 摄影概述

摄影既是一门技术也是一门艺术，既包含了科技的属性又具有艺术的属性。

摄影是指使用某种专门设备进行影像记录的过程，一般我们使用机械照相机或者数码照相机进行摄影。有时摄影也会被称为照相，也就是通过物体所反射的光线使感光介质曝光的过程。摄影家可以把日常生活中稍纵即逝的平凡事物转化为不朽的视觉图像。

摄影术自诞生以来，虽然只有 100 多年的历史，但是在这短暂的时间里，却经历了绘画需要上千年才能完成的剧变。随着技术的不断进步，摄影得到了飞速发展。在读图时代的今天，摄影被广泛应用于人类生活的各个领域，具有无可替代的作用与地位。人们不知不觉地与影像世界共同生存。

近几年来，随着多媒体技术的发展，国内各大院校先后增设了摄影专业，培养出了大批摄影高级人才。同时，许多专业也将摄影作为其专业课中的重要课程，或是将摄影作为提高现代大学生全面素质与修养的重要选修课程。摄影在高等教育中的地位逐步提高，因而掌握一定的摄影基础知识是十分必要的。

《跋涉》

《百万千瓦太阳能示范基地》

《伴儿》

《表里不一》

第一节 摄影术的诞生和发展

一、摄影术的萌芽

摄影术并不是由某一个人发明出来的，而是几代人共同努力的成果，它是适应社会需求的必然产物。摄影术一经公布，便吸引了很多人来改进它，使它得到不断完善与发展。

1. 小孔成像理论

中国哲学家墨子早在2 000多年前的《墨子·经下》中就对小孔成像的原理有过论述："景到，在午有端，与景长，说在端。"即一个明亮的物体，经一个小孔通过光束，可以从另一端射出来，会在黑暗房间内的对面墙壁上形成倒置的影像。这一观点的叙述，使得绝大多数西方史学家都认为，墨子是人类历史上最早探索光学理论的人（图1-1）。

图1-1 墨子肖像

2. 西方国家对光影成像的探索

在西方，关于小孔成像的最早记载是古希腊学者亚里士多德（Aristotle）的《质疑篇》，在其著作中论述了光的直线传播现象，介绍了关于小孔成像的原理。

16世纪，文艺复兴时期的"绘画暗箱"是帮助画家和自然科学家快速准确地记录大自然的辅助工具。艺术巨匠列奥纳多·达·芬奇（Leonardo di ser Piero da Vinci）于1490年为我们留下了有关绘画暗箱的文字记载。1558年意大利科学家波尔塔（Giambattista della Porta）在其著作《科学魔术》中详细地论述了运用绘画暗箱进行绘画的过程：把影像反射到画板上，然后用铅笔描摹出轮廓，着色以后就完成了一幅画（图1-2)。

17世纪末期，陶瓷工人韦奇伍德将不透明的树叶、昆虫的翅膀放在涂有硝酸银的皮革上，然后放在阳光下暴晒，等取下树叶时发现了非常优美的白色轮廓图案，可遗憾的是，他

图1-2 可携式绘画暗箱

没有找到能够长期保存影像的方法。

1812 年，英国物理学家乌拉斯顿（W.H.Wollaston）发明了新月形镜头，它由一片凹凸透镜构成，是世界摄影史上第一个摄影镜头，将新月形的凹凸透镜置于暗箱前端，并在其后端安装上磨砂玻璃，通过聚焦可在磨砂玻璃上看到真实比例的自然影像。暗箱和镜头的结合，形成了早期照相机的雏形。

二、摄影术的诞生

1. 尼埃普斯与“日光蚀刻法”

法国的印刷工人约瑟夫·尼埃普斯（J.N.Nièpce）（图 1-3）于 1793 年开始了对感光材料的研究，他尝试着将暗箱中的影像记录在金属板上并印刷出来。1822 年，他将印刷用的沥青涂抹于铅锡合金板上，然后置于暗箱中进行长达 12 个小时的曝光。在光线的照射下，景物明亮部分的沥青变白变硬。然后，用薰衣草油冲洗“显影”，薰衣草油将未变硬的沥青溶解，露出下面的暗灰色金属板，从而记录下了光的影子，形成与原物相似的正像（图 1-4）。尼埃普斯将这种记录影像的方法命名为“日光蚀刻法”，或称“阳光摄影术”。

图 1-3 尼埃普斯肖像

图 1-4 《餐桌》 尼埃普斯 摄 1822 年

1825 年，他拍摄了一幅《牵马的孩子》的影像，这是世界上第一张有确切年代可稽的照片 (图 1-5) 。1826 年，他再次成功地拍摄了其工作室窗外的风景，这是世界上第一幅永久性照片 (图 1-6)。这张照片曝光时间有 8 个多小时。“日光蚀刻法”由于光敏度过低，影像质量不高，始终没有直接应用于摄影上，后经过改进，应用于印刷制版行业。

图 1-5 《牵马的孩子》 尼埃普斯 摄 1825 年

图 1-6 《窗外的风景》 尼埃普斯 摄 1826 年

2. 达盖尔与“银版摄影法”

图 1-7　达盖尔肖像

1829 年，法国画家与舞台美术师路易・雅克・曼德・达盖尔（Louis Jacques Mandé Daguerre）（图 1-7）开始与尼埃普斯合作，继续对摄影术进行研究。1837 年，达盖尔将铜版表面镀上高度抛光的银，然后将铜版银面朝下，放在碘蒸汽上熏蒸，使其表面产生可感光的碘化银，然后把镀银铜版放在暗箱中曝光约 30 分钟后取出，用水银蒸汽熏蒸显影，生成汞剂，最后用硫代硫酸钠浸泡定影，即获得了影调层次丰富、具有金属光泽的正像。这种方法被称为“银版摄影法”或“达盖尔式摄影法”。

1839 年 8 月 19 日，法国巴黎天文台台长阿拉哥在法国科学院与美术学院的联席会议上，向全世界公布了达盖尔的“银版摄影法”，这一年被认为是摄影术诞生之年，达盖尔因此也被誉为“摄影之父”。

用“银版摄影法”获得的影像质量较“阳光摄影术”有显著的提高。图 1-8 所示的巴黎建筑物，影像锐利，影调层次丰富，但是它的致命缺点也同“阳光摄影术”一样，每一块金属版只能获得唯一一张照片，这样不利于影像的复制与传播。

图 1-8　《巴黎街景》达盖尔 摄　1839 年

3. 塔尔博特与“卡罗式摄影法”

就在“达盖尔式摄影法”公布后不久，英国文学家、科学家威廉·亨利·福克斯·塔尔博特（William Hénry Fox Talbot）（图 1-9）也宣称发明了一种能够将暗箱影像永久保存的方法，他把他的工艺称为“卡罗式摄影法”。

图 1-9 塔尔博特肖像

塔尔博特的这种摄影法用纸作片基，成像质量较差，无法和“银版摄影法”相比。但用这种方法拍摄出来的影像是负像，可以用来印制正像，这样就可以实现影像的批量复制传播，这种“负像—正像”工艺一直沿用至今，塔尔博特也因此成为今天的负片工艺的创始人。1841 年，塔尔博特在英国为他的“卡罗式摄影法”申请了专利，并出版了一本卡罗式照片集，这是世界上第一本摄影画册，名为《自然的铅笔》（图 1-10）。整本画册共有 24 幅卡罗式的大幅相片，至今仍有少数留存。

图 1-10 《自然的铅笔》之一 塔尔博特 摄 1844 年

在达盖尔公布他的摄影术之前的几个月，法国的希波利特·巴耶尔（Hippolyte Bayard）也声称自己发明了摄影术，但最终摄影术发明专利权的桂冠被达盖尔摘取。在竞争摄影术发明专利权失败后，巴耶尔一怒之下将自己扮成溺水自尽者，半身赤裸进行自拍，并在照片旁辅以文字说明（图 1-11）。虽然与摄影术发明的专利权失之交臂，但是这幅照片成了摄影史上公认的最早的男性人体照片，他开启了世界人体摄影的先河，自拍手法的导入也是摄影家将镜头面对自己的最初尝试，照片和文字结合的摄影手法也应该是摄影史上的首创。

图 1-11 《扮成溺水自尽者的巴耶尔》 巴耶尔 摄 1840 年

第二节 摄影器材的发展

摄影是科技的产物，摄影术的发展与器材的不断进步有着密切的关系。摄影器材的发展，主要包括照相机的发展和感光材料的发展。

1. 照相机的发展

从最初的简易暗箱，到今天的高度自动化相机，照相机的发展速度可谓惊人。1841 年，光学家沃格·兰德（Vogue Rand）发明了世界上第一台金属机身的照相机。

1849 年，戴维·布鲁斯特（David Brewster）发明了立体照相机和立体观片镜。

1888 年，美国伊斯曼公司研制出首台使用胶卷的“柯达 1 号”相机，可连续拍摄 100 张照片。1891 年，柯达公司制造出可装卸胶卷的相机。

1906 年，美国人乔治·希拉斯（George Silas）首创闪光灯摄影。

1914 年，德国人奥斯卡·巴纳克（Oscar Barnack）研制出世界上第一部 135 相机，使用 35mm 宽的电影胶片，可拍摄 24mm×36mm 的照片，这是第一批徕卡相机（Ur-Leica）的原型，具有划时代意义。

1925 年，德国蔡司公司生产出世界上首批平视旁轴取景的 135 照相机，成为摄影史上的里程碑，照相机跨入高级光学和精密机械的技术时代。

1928 年，德国“弗兰克和海德克”公司生产出一种双镜头反光照相机——罗莱反光照相机，它能拍摄 6cm×6cm 的方形照片，并能在相机顶部的磨砂玻璃屏上调焦和取景。

1945 年，瑞典生产了一款名为“哈色布拉德”（Hasselblad）的 120 单镜头反光照相机。

1947 年，美国人发明了世界上第一台拍摄后即可拿到照片的“波拉洛依德”（Polaroid）相机，简称“波拉”相机。

1949 年，德国蔡司 • 伊康公司（Zeiss Ikon）生产的 35mm 单镜头反光相机“康泰克斯”（Contax），开创了现代 135 单反相机的基本模式。

1949 年，美国发明了变焦距镜头。

1950 年，法国发明了摄远镜头。

1954 年，德国发明了微距镜头。

1960 年，日本旭光公司在德国世界相机博览会上展示了世界上首台以电子测光的 135 单镜头反光相机“潘泰克斯”（Pentax SP），从此照相机进入了电子时代。

1977 年，日本的美能达公司生产出世界首部双优先自动曝光相机——“美能达 XD7”135 单镜头反光照相机。

1981 年，日本索尼（SONY）公司推出了世界上首台磁录像照相机“玛维卡”（Mavica），开创了照相机技术的数字化时代。

1989 年，日本佳能公司生产出由超声波马达驱动的“佳能 EOS-1”单镜头反光照相机。

2. 感光材料的发展

感光材料的发展，很大程度上是对感光度的不断提高的探索。当年尼埃普斯使用沥青金属版，曝光 12 小时才能得到一张影像，今天，只要按下快门，数秒便可得到照片的波拉片的问世，如今的 ISO（感光度）可以高达千万，在以前看来很难拍到的影像现在很容易就可以得到了。

1819 年，英国的科学家赫谢尔爵士（J.F.W.Herschel）发现了硫代硫酸钠可以做定影剂，此法沿用至今。1840 年，他发现了卤化银中溴化银的感光性能最高，1842 年他发明了草酸铁印相法和氰盐印相法。“摄影”“正片”“负片”“乳剂”等摄影专业名词都是他提出来的。

1847 年，尼埃普斯的侄子圣 · 维克多 (Niepce de Saint-Victor) 取得“蛋白玻璃”摄影法的专利权，使曝光时间提高到 5~15 分钟，但蛋白玻璃的感光速度仍较慢，不适宜拍摄人像之类的照片。

1851 年，伦敦雕塑家弗里德里克 · 司各特 · 阿切尔 (Frederick Scott Archer) 发明了“火棉胶湿版”摄影术，它的光敏度高，使曝光时间控制在 1 分钟以内，拍出的影像影纹清晰，成为当时欧美的主要摄影法，直到 19 世纪 80 年代中期“干版法”的出现，湿版法才逐渐退出舞台。火棉胶湿版摄影法效果虽然很好，但是使用不方便，有一定的技术要求，不适用于工业化生产。

1861 年，物理学家麦克斯韦首次使用红、绿、蓝滤光镜，分别拍摄并获得了彩色影像。

1871 年，英国医生理查德 · 里彻 · 马多克斯（Richard Leach Maddox）发明了“明胶干版法”。用明胶作涂布材料，感光度极高，曝光时间提高到 1 秒以内，可以手持相机拍摄，而且外出拍摄可以不用带暗室设备和化学药品，摆脱了临时涂布制作湿版的不便，并适用于工业化生产。

1884 年，美国乔治 · 伊斯曼（George Eastman）成立了伊斯曼干版公司，1888 年，该公司生产出使用胶卷的小型数码相机“柯达 1 号”，可连续拍摄 100 张照片。但是胶卷是事先放置在相机里的，拍完以后需要送回伊斯曼公司冲洗。

1887 年，美国人古德温·汉尼拔(Goodwin Rev Hannibal)取得硝化纤维素感光片的专利，1889 年开始生产硝化纤维素片的胶卷。

1891 年，柯达制作出摄影者自己能装卸的胶卷，从此柯达软片胶卷风行世界，摄影逐渐走进大众的生活。

1935 年，美国人研制出涂布三层乳剂的柯达克罗姆并付诸实践，从此，彩色感光材料技术逐渐成熟。

1942 年，美国柯达公司正式推出彩色负片和彩色相纸。彩色摄影开始迅速发展，得到广泛普及和应用。

1981 年，日本索尼（SONY）公司在德国国际广播器材博览会上推出了世界上首台磁录像照相机“玛维卡”（Mavica）。它记录影像的载体不再是银盐胶片，而是电磁，但由于像素较低且制作成本高而未得到开发推广。

20 世纪 90 年代后期，数码摄影及配套的电脑图像处理系统迅速崛起，传统的银盐时代受到数码技术的巨大冲击。影像的存储载体变成了 CCD 或 CMOS 芯片，数码摄影的出现，标志着新的数字时代的到来。

100 多年来，感光材料在发展上大致沿着以下工艺变革演进：银版法和碘化银纸法→蛋清工艺→火棉胶湿版工艺→明胶干版工艺→软片和胶片工艺。

第三节 摄影的特点、功能

一、摄影的特点

我们使用机械照相机或者数码照相机进行拍摄，就是通过物体所反射的光线使感光介质曝光。也可以说，是摄影者运用摄影术对客观可视存在物象进行主观反映。

有人说过一句精辟的语言：摄影家的能力是把日常生活中稍纵即逝的平凡事物转化为不朽的视觉图像。

经过 100 多年的发展，摄影技术不论是从相机的种类品质、器材的多样性还是从感光材料的科技含量以及相互的兼容性方面，其对人类社会文明的进步所产生的积极作用是非常巨大的，也是任何其他技术语言所不可替代的。

摄影技术在伴随着科学技术的进步和发展之后，已不单纯是科学技术进步的产物，更多的是承载着一定的社会价值、历史价值和审美价值，应该说它是科学和艺术的完美结晶，是人类社会发展的无声语言和图像诠释。每一幅优秀的摄影作品都是通过必要的摄影器材来完成的。摄影器材是摄影者在摄影过程中的必备使用工具，摄影者通过运用照相机、感光材料、辅助器材等充分发挥自己的创作设计灵感，在记录客观事实中创造出摄影作品，这些摄影作品具有愉悦人们心情的价值（包括新闻价值、艺术价值、商业价值）。

摄影作品可以是一种视觉艺术作品，也可以是一种商业信息产品，其中包含审美要素和实用要素。摄影的过程既是对瞬息即逝景物的快速捕捉，又是生活信息、商业信息和审美趣味的必备媒介。

摄影是主观对客观的一定程度的反映，是通过摄影技术制造的产物。这一点可用同一时间、同一题材、同一被摄对象而作品却大不相同的实际情况来说明。客观世界是三维立体的，而照片是二维平面的；客观世界是发展变化的，而照片是凝固的。所以，摄影作品是对客观可视存在的狭义、不全面的真实反映。因为客观可视存在的发展变化，更因为摄影者思维、情绪、时间、空间也是发展变化的，摄影记录的客观世界的二维图像又具有历史的不可重复性。

二、摄影的功能

1. 记录功能

摄影忠实地记录下人眼看到的事物，同时也记录下人眼看不见或看不清楚的事物，这使得我们可以突破时空的限制认识客观对象。如高速运动的物体、微观的世界、宏观的宇宙天体、透视影像、红外线影像等，我们肉眼是无法看清具体的细节的，而通过专门的相机就能帮我们真实地记录下来细节，供我们仔细观看。

摄影的记录功能使其具有实证功能，人们相信摄影不会造假，所以在法律上，照片通常作为证物呈现出来。二战时期，日本侵略者残害中国人民的照片，在战后东京国际军事法庭上作为罪证出示，使日本战犯无法抵赖。摄影的实证功能也使其具有文献价值，如官方摄影师的出现，政府出面召集优秀摄影师为其服务，拍摄一些反映当前状况的文献资料（图 1-12）；像现在的“老照片热”，很大一部分原因就是其具有很高的文献价值。

图 1-12 《等待救济的人》 多萝西娅 · 兰格 摄

2. 教育功能

优秀的摄影作品不仅具有形式美感，还能潜移默化地起到教育作用。通过画面的艺术形象可以传达出摄影者的思想情感，引发观者的共鸣，触动人的心灵，进而提高人的觉悟。如摄影师解海龙拍摄的“希望工程”系列照片（图 1-13），感动了社会大众，引发了群众对贫困地区教育情况的广泛关注，一方面改变了中国２０世纪八九十年代教育的困境，另一方面也给莘莘学子以深刻的启发，通过教育环境的对比，使学生更加珍惜现在舒适安逸的学习环境。

3. 审美功能

优秀的摄影作品是形式美和内容美的统一，符合美学规律与人们的审美要求，能激发人们的美感，提高人们的审美情趣和审美能力。我们在欣赏优秀的摄影作品时，会在潜移默化中接受熏陶，愉悦视觉，同时还能陶冶情操，培养观赏者的审美观。

图 1-14 是继亚当斯之后的一位享誉世界的风光摄影大师戴维·明奇 (David Muench) 拍摄的，他是一位非常执着的摄影师，他对自然风景的拍摄有着独特的视角，他的这幅作品气势宏大，很有震撼力，除了具有视觉美感以外，还具有更深层次的内涵美。他希望他的作品不仅仅只是展现大自然的美，更重要的是唤起对保护自然环境的意识，保持经济与生态的平衡发展。

图 1-13　《希望工程系列照片》 解海龙 摄

图 1-14　戴维·明奇 摄

4. 娱乐功能

随着社会经济的发展，人们生活水平的提高，照相机日益普及化、大众化，并且人们的业余时间越来越充裕，这使得摄影逐渐成为一项大众娱乐活动。通过摄影人们可以陶冶情操，缓解工作压力，同时也可以锻炼身心。所以现在越来越多的人开始学习摄影，摄影业余爱好者和摄影发烧友经常结伴定期出去游玩，这样既可以交流摄影拍摄经验，又可以分享拍摄的乐趣（图 1-15）。

图 1-15 摄影爱好者在创作

第四节 摄影的分类

摄影的划分标准有很多种，我们通常根据拍摄的内容以及应用的目的和领域把摄影分为纪实摄影、新闻摄影、风光摄影、人像摄影、广告摄影、体育摄影、艺术摄影等。

一、纪实摄影

纪实摄影取材于生活和现实，是以记录现实社会生活为主的摄影方式，它要求摄影师具备人道主义精神，保持一种对人性的关注，以公正的眼光，公平地记录所发生和所看到的真实现状。纪实摄影具有社会性、历史性、文化性和系统性。纪实摄影不仅仅是客观记录，而且带有鲜明的社会目的，它更注重表层现象下更深层次的时代意义。它具有保存历史的价值和强烈的文化性。优秀的纪实摄影作品，往往具有深刻的人性力量，甚至可以推动社会的发展（图 1-16）。

图 1-16 纪实摄影

二、新闻摄影

新闻摄影是以传播新闻信息为目的的摄影活动。以静态、瞬间的画面来反映新闻事实，是新闻摄影独具的本质特点。新闻摄影具有新闻价值性、真实性与思想性、形象性、导向性等特征。新闻价值是新闻摄影的第一要素，新闻事件必须具备五个要素，即何人、何时、何地、何事、何故。衡量新闻价值的基本标准有新鲜性、重要性、时效性、接近性、趣味性（提炼为新、真、活、美）。真实性是新闻摄影的生命，一定要遵循新闻摄影的真实性原则，拍摄“真人、真事、真场景和人物的真情实感”。

新闻摄影按形式分为单幅的、专题成组的、追踪新闻摄影等；按内容分为工业、农业、科技、体育新闻摄影等（图 1-17）。

图 1-17　新闻摄影

三、风光摄影

风光摄影是以展现各种自然景观以及人为景观之美为主要创作题材的摄影形式，如自然景色、城市建筑等，风光摄影是广受人们喜爱的题材，大自然的美无处不在，风光摄影素材取之不尽，用之不竭。我们需要有一双发现美的眼睛，用心灵摄取大自然无尽的魅力。风光摄影的整个拍摄过程都是很享受的，它给人带来美的视觉印象和心灵的愉悦，优秀风光摄影作品除了具有形式美感以外，能够在一定主题思想的引导下给人留下过目不忘的情趣（图 1-18）。

图 1-18　风光摄影

四、人像摄影

人像摄影是以各种状态下的人物为被摄主体，通过描绘其外貌特征来反映人物的内心世界与精神风貌，或表现人物在某些特定场景中的状态。拍摄人像要达到形神兼备的效果，要通过自然真实的面部表情、举止动作反映人物的内心情感。要想表现好被摄人物的真实思想感情，需要摄影师与被摄对象进行一定的有效交流，了解被摄人物的特点，以便在拍摄中迅速抓住体现人物独特性的典型瞬间（图 1-19）。

图 1-19　人像摄影

五、广告摄影

广告摄影是为商业广告或公益广告而进行的拍摄活动，广告商以摄影为手段，通过摄影艺术丰富的表现形式来吸引观众。拍摄广告摄影作品除了要具备过硬的摄影拍摄技能与技巧外，更重要的是出色的创意和完美的艺术设计（图 1-20）。

图 1-20　广告摄影

六、体育摄影

体育摄影是以体育赛场为被摄对象的摄影形式，体育摄影对摄影师来讲是非常具有挑战性的，拍摄好体育摄影是对摄影师技术水平的极大考验。拍摄体育摄影也是有很多技巧的，需要摄影师在实践中不断总结经验，只要具备足够的拍摄经验，难度也就会相应的下降（图 1-21）。

图 1-21 体育摄影

七、艺术摄影

艺术摄影是艺术性成分很强的一种摄影形式，它没有任何的商业气息，而是以摄影艺术家的思想为主，表达一种情绪，一种审美观念。该类摄影作品遵循艺术的原则，具有很强的艺术美感，寓教于赏，欣赏艺术摄影需要一定的审美能力。创意摄影和观念摄影都归于艺术摄影的范畴（图 1-22）。

图 1-22 艺术摄影

复习题

1. 摄影术诞生的三位奠基性人物是谁？他们对摄影术的诞生都做出了哪些贡献？
2. 摄影具有什么功能？请举例说明。
3. 按照摄影的内容和应用目的，将摄影分为哪几类？请说明其各自的特性。

CHAPTER TWO

第二章　照相机与镜头

“工欲善其事，必先利其器。”要拍好照片，首先要做的就是熟悉我们手中的相机，了解相机的结构、性能与表现能力，掌握操作方法。只有对摄影器材了如指掌，才能在瞬间拍摄的时候游刃有余。

照相机简称相机，是一种利用光学成像原理形成影像并使用底片记录影像的设备。很多可以记录影像的设备都具备照相机的特征，如医学成像设备、天文观测设备等。照相机是用于摄影的光学器械。被摄景物反射出的光线通过照相镜头（摄景物镜）和控制曝光量的快门聚焦后，被摄景物在暗箱内的感光材料上形成潜像，经冲洗处理（即显影、定影）构成永久性的影像。

照相机是进行摄影创作必不可少的工具，不论什么样的照相机，不管其机件结构之繁简，它们的基本构造是一致的，各部分的功能是相同的。

机身：将照相机各种部件连接在一起（图 2-1）。

镜头：将被摄物体结成光学影像的成像系统（图 2-2）。

图 2-1　机身

图 2-2　镜头

《采风的人儿》

《畅想曲》

《打破枷锁》

《动物“视”界》

第一节 照相机

一、传统照相机的种类和特点

1. 按感光介质分类

目前照相机的记录载体有三种：感光胶片、感光相纸、CCD 或 CMOS 影像感应器。按使用的感光载体的不同，可以把相机分为传统胶片相机、一步成像相机和数码相机。

（1）传统胶片相机。传统照相机使用的感光材料是各种规格的胶片。作为影像的载体，密布着银盐颗粒的胶片不论在成像质量还是在影像细节上都很出色，但随着数字技术的普及，传统胶片相机面临空前的挑战。现在很多胶卷生产厂商逐渐减少对胶片的生产，甚至停止了生产胶卷。传统胶卷相机正在逐渐被数码相机取代（图 2-3）。

（2）一步成像相机。一步成像相机是美国波拉洛依德公司于 1947 年研制出来的，在我国被称为“宝丽来”相机。它的优点是在很短的时间里就可以看到拍摄效果，很受旅游者的青睐，专业摄影师用它来试拍效果，再进行正式拍摄（图 2-4）。

一步成像相机所用的感光相纸感光度较高，在机内进行显影定影处理，若干秒就可以得到照片，十分方便快捷。但是使用的相纸成本很高，成像质量比不上负片的效果，而且无底片，只能得到一张照片，照片保存期短。

图 2-3 NiKon FM2 传统胶片相机

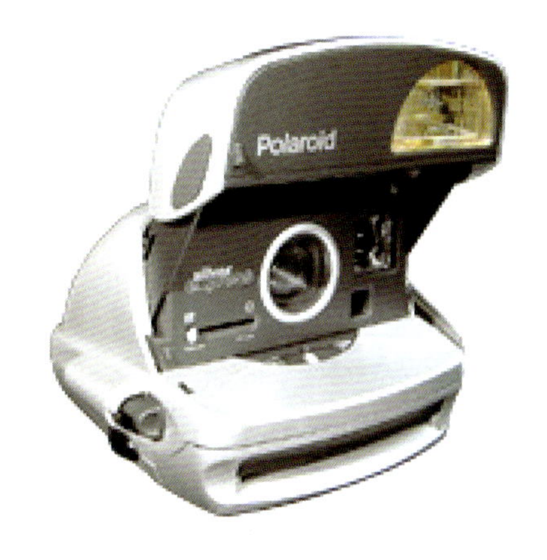

图 2-4 一步成像相机

（3）数码相机。数码相机是由传统相机演变而来的，仍旧使用传统相机的光学系统，只是图像信息的记录载体发生了变化，在原本放置胶片的位置换上了 CCD 或 CMOS 感光元件。景物的光信号通过 CCD 或 CMOS 转换为电信号，再由 ADC 模数转换器将电信号处理成数字代码，通过相机 MPU 的处理保存于存储卡，实现影像的记录。

数码相机采用的是数字技术，也称为数字照相机（Digital Cameras，简称 DC）。数码相机的出现是一次全面的变革，从器材、影像的记录介质、后期制作技术、影像的观看方式以及制作观念都与传统相机有所不同。数码相机具有可直接显示、存储、处理、打印和直接传送影像的特点。随着数码相机的成熟，它开始占据市场的显著地位，并得到了广泛的运用。数码相机的普及引发了一场深刻的影像革命，颠覆了传统，改变了人们的观念，它逐渐渗透到人们生活的各个方面，具有无可替代的作用（图 2-5）。

图 2-5　索尼 α 7R3 数码相机

2. 按取景方式分类

（1）平视旁轴取景照相机。平视旁轴取景照相机（图 2-6），在拍摄时，取景的主光轴和相机镜头成像的主光轴不在同一条轴线上，这样人眼通过取景器看到的景物与通过镜头到达底片的景物是不一样的。取景器看到的景物范围与照相机拍摄得到的景物范围之间的这种差异叫作视差（图 2-7）。平视旁轴取景照相机都存在一定的视差，拍摄距离越近视差越大。因此在拍摄时要注意这个问题，根据取景框上的视觉校正线对被摄对象进行合理布局。

优点：自动聚焦或双影重合时在较暗的光线下能准确对焦，小巧、轻便，价格便宜。这种相机使用的都是镜间快门，在曝光时快门的振动较小，对影像的清晰度有较好的保证。

缺点：存在平行视差，最近拍摄距离较远，因为取景时使用旁轴，不是通过镜头直接取景，所以镜头盖取下或是盖在镜头上我们在拍摄时都能看到景物，这样很容易带着镜头盖在拍摄，所以在初次使用这种相机时应特别注意。

图 2-6　旁轴取景照相机

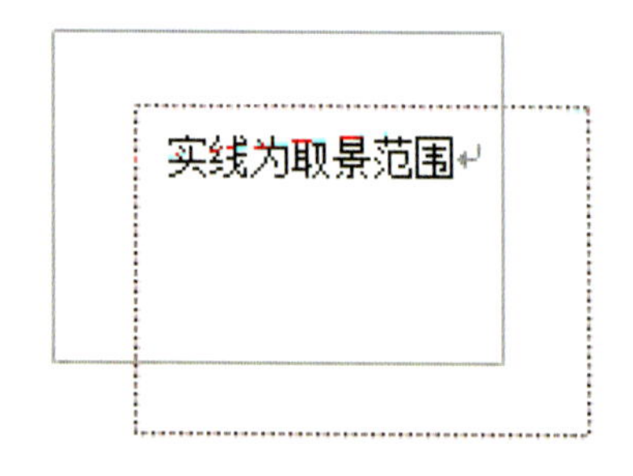

图 2-7　旁轴相机的视差

（2）单镜头反光照相机。单镜头反光照相机俗称单反相机，在单镜头反光照相机的构造（图 2-8、图 2-9) 中可以看到，光线透过镜头到达反光镜后，折射到上面的对焦屏并结成影像。透过接目镜和五棱镜，我们可以在观景窗中看到外面的景物。拍摄时，当按下快门按钮时，反光镜便会往上弹起，软片前面的快门幕帘便同时打开，通过镜头的光（影像）便投影到胶片上使胶片感光，然后反光镜便立即恢复原状，观景窗中再次可以看到影像。

优点：单镜头反光照相机的这种构造，确定了它是完全透过镜头对焦拍摄的，能使观景窗中所看到的影像和胶片上的一样，取景范围和实际拍摄范围基本上一致，消除了旁轴平视取景照相机的视差现象，十分有利于直观地取景构图。单镜头反光相机可以使用不同规格的镜头，使系统功能大大扩展（图 2-10）。

缺点：结构复杂，重量沉，振动大，噪声大。

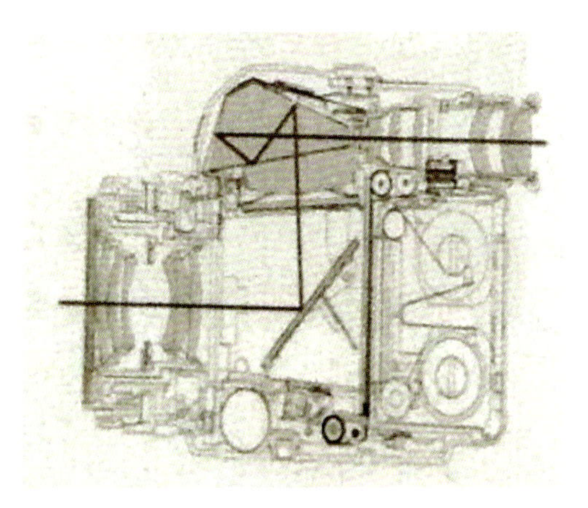

图 2-8　120 单反相机

图 2-9　135 单反相机

图 2-10　单反相机镜头群

（3）双镜头反光照相机。双镜头反光照相机简称双反相机（图 2-11），它的外形很特殊，一般是一个方形的机箱，上下并列着两个焦距相同的镜头。上面的镜头用于取景和调焦，下面的镜头用于拍摄（图 2-12），两个镜头是同步伸缩的，正常情况下，被摄对象通过上面的镜头在磨砂玻璃屏上结成清晰影像时，下面的镜头在焦平面也同时结成清晰的影像。由于取景和拍摄分别由两个镜头来完成，它们不在一条轴线上，所以也属于旁轴取景系统，拍摄时存在一定的视差（图 2-13）。

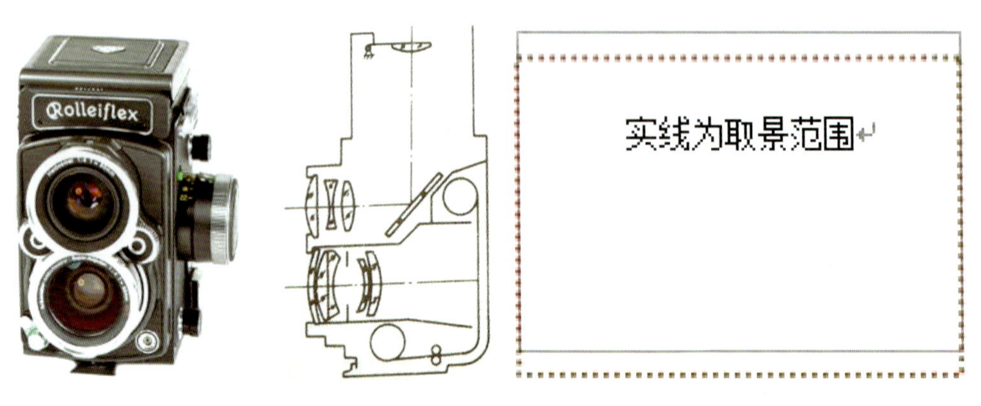

图 2-11　双镜头反光照相机　图 2-12　双镜头反光照相机结构图　图 2-13　双镜头反光照相机视差

（4）机背式取景照相机。机背式取景照相机又称为大画幅照相机或大型座机（图 2-14）。该类相机的镜头和机身之间用皮腔连接，体积较大，需要用大型的三脚架支撑，使用散页胶片拍摄，采用机背取景的方式，通过磨砂玻璃屏进行取景、调焦，取景时磨砂玻璃屏上的影像是上下颠倒、左右相反的（图 2-15），但是没有视差。

大画幅相机对影像的透视及景深控制效果很好，大尺寸的胶片可以获取丰富的影像细节，多用在建筑摄影、商业广告摄影以及风光摄影领域。

图 2-14　机背式取景照相机

图 2-15　机背式照相机取景、调焦

二、数码相机的种类和特点

按照数码相机的画幅进行划分，可以分为全画幅、APS 画幅 (又分 APS-H 画幅、APS-C 画幅和 4/3 系统)，此外还有一体式 120 中画幅。

(1) 全画幅 : 全画幅是针对传统 35mm 胶卷的尺寸来说的，35mm 指的胶卷的宽度 (包括齿孔部分)，它的感光面积为 24mm × 36mm，因此，等于或小于 35mm 胶卷感光面积的影像传感器 (图 2-16)，譬如佳能 5D Mark IV(图 2-17)。

全画幅数码单反相机除了在噪点控制、宽容度等方面有很大的优势外，也不用再乘以令众多摄影爱好者感到头疼的“镜头折算系数”。

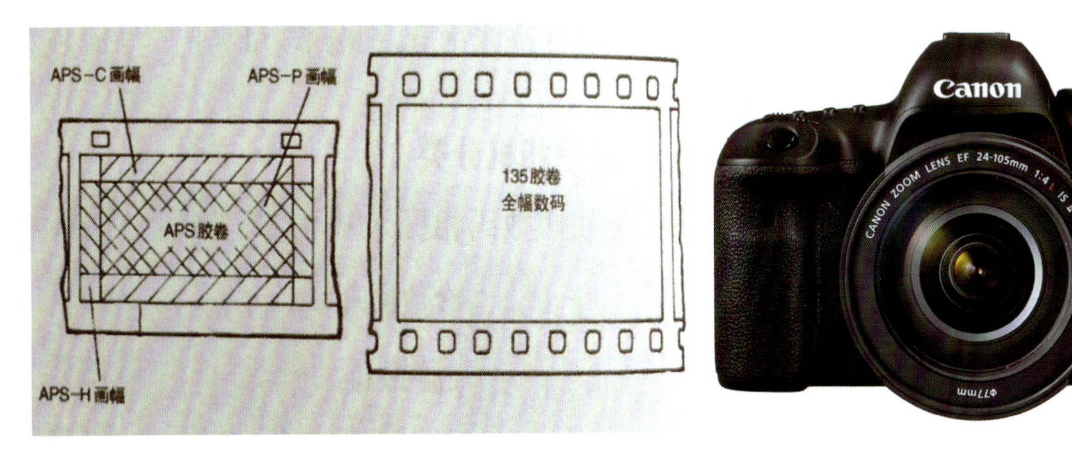

图 2-16 全画幅图像传感器

图 2-17 佳、5DMark IV

(2)APS-H 画幅 : 与全画幅一样，APS 画幅也是从胶片相机时代沿用过来的。等于或略小于 APS-H 胶卷感光面积的影像传感器，称为 APS-H 画幅影像传感器。目前只有佳能的 EOS 1D 系列专业数码单反相机使用这一画幅。

(3)APS-C 画幅 : 与 APS-H 画幅一样，等于或略小于 APS-C 胶卷感光面积的影像传感器，称为 APS-C 画幅影像传感器。由于生产彩像传感器的厂家不尽相同，因此 APS-C 画幅的尺寸也是所有画幅中最不统一的，目前主要有以下三种：一种是佳能的 APC 画幅，由佳能自主研发，它的影像传感器尺寸约为 22.2mm × 14.8mm，镜头折算系数为 1.6。一种是以尼康、索尼和宾得为代表的画幅影像传感器，由索尼提供，尺寸约为 23.6mm × 15.8mm，是最接近 APS-C 胶卷的镜头，镜头折算系数为 1.5。还有一种是 Foveon 公司的 Foveau X3 影像传感器，目前只有适马的数码单反相机采用了这一影像传感器，它的尺寸约为 20.7mm × 13.8mm，是 APSC 画幅中最小的，镜头折算系数为 1.7。

(4) 4/3 系统：该系统是奥林巴斯、富士、松下、柯达等联合推出的数码相机标准。它是一种开放的接口，所有加入这一标准的镜头都可以互换。这一标准的关键所在，就是采用了所谓 4/3 型感光元件。

（5）一体式 120 中画幅：主要通过一体式数码后背来实现的，哈苏、飞思和利图是主要的数码后背供应商，而哈苏、玛米亚等传统相机时代炙手可热的相机商则成了主要的客户。不过，其价格昂贵，数十万元一台，因此一般的摄影爱好者难以入手（图 2-18）。

图 2-18 哈苏数码后背

第二节 镜头

镜头是相机的重要光学组成部件，由一系列的镜片组成的透镜构成（图 2-19）。数码相机的感光元件和胶片能感应影像，则依赖镜头通过物体反射光线的成像能力。镜身一体数码相机所带镜头系不可更换镜头，而与单反数码相机机身配套的镜头种类众多，依照焦距划分有标准镜头、广角镜头、鱼眼镜头、中焦镜头、长焦镜头（包括超远射镜头）。

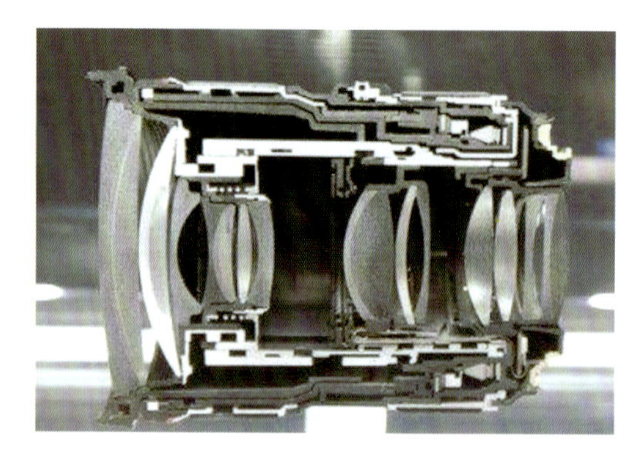

图 2-19 镜片组成的透镜

一、镜头的焦距

镜头焦距基本上就是从镜头的中心点到胶片平面上形成的清晰影像之间的距离（图 2-20）。镜头的焦距决定了该镜头拍摄的被摄体在胶片上所形成影像的大小。假设以相同的距离面对同一被摄体进行拍摄，那么镜头的焦距越长，则被摄体在胶片上所形成的影像就越大（图 2-21）。

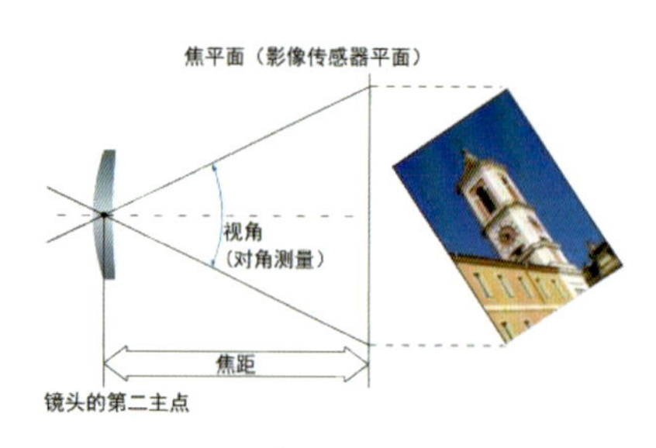

图 2-20 镜头的焦距

图 2-21 镜头的焦距与影像之间的关系

二、镜头的种类和应用

相机镜头的种类繁多，根据它的视角和焦距的变化可以分为标准镜头、广角镜头、鱼眼镜头、中焦镜头、长焦镜头，根据焦距能否调节可以分为定焦镜头(图 2-22)和变焦镜头(图 2-23)。

图 2-22　35mm 定焦镜头

图 2-23　24~105mm 变焦镜头

1. 标准镜头

标准镜头焦距接近相机画幅对角线的长度，其视角范围在 40°~60° ，人眼的视角大约在 46° ，标准镜头的视角与人眼的视角相近，其所拍摄画面中景物之间的透视关系，与人眼视角所感受到的景象非常相似，没有透视变形，符合人眼的视觉习惯，给人以真实平和的视觉感受，因而在摄影中得到了广泛应用 (图 2-24) 。

标准镜头的最大光圈通常都比较大，光学性能好，不易失真，影像质量高。底片画幅不同的相机，其标准镜头的焦距也不一样，我们常用的 135 相机的画幅规格为 24mm x 36mm，其对角线长度大约为 43mm，因此 135 相机的标准镜头通常是 40~ 55mm，以 50mm 焦距的最常见 (图 2-25) 。画幅尺寸为 60mm × 60mm 的 120 相机的对角线长度大约为 85mm，所以标准镜头的焦距约为 80mm。

图 2-24　50mm 标准镜头拍摄效果

图 2-25　50mm 标准镜头

2. 广角镜头

广角镜头又称短焦距镜头，它的焦距小于相机画幅对角线的长度，其焦距短于标准镜头，视角范围大于标准镜头（图 2-26）。广角镜头分成普通广角镜头和超广角镜头两种。在 135 相机的系列镜头中，焦距范围在 24~35mm 的称为普通广角镜头，视角在 60°~85°；焦距为 16~24mm 的镜头称为超广角镜头，视角在 120° 左右。

图 2-26　佳能 EF 24mm 广角镜头

广角镜头的特点是焦距短、视角大、视野宽，有利于较近距离摄取较广阔的景物范围（图 2-27）；景深长，有利于摄取前后都清晰的被摄对象；同时夸大了空间透视关系，扩大了近处和远处物体间的视觉距离，给画面带来了强烈的视觉冲击力，有利于突出主题，渲染气氛。但广角镜头通常会造成被摄对象的夸张变形，即影像的失真现象，这种变形属于桶形畸变。焦距越短，离被摄对象越近，这种变形越严重，因此利用广角镜头近距离拍摄时一定要考虑影像变形失真的问题（图 2-28）。

图 2-27　普通广角镜头拍摄效果

图 2-28　超广角镜头拍摄效果

3. 鱼眼镜头

焦距在 16mm 以下的镜头称为鱼眼镜头。在外形上，鱼眼镜头的最外层镜片类似鱼的眼睛，是向前凸出的，镜头视野包容的视域广阔，达 180° 以上，画面四边的景物线条变成弧形甚至圆形，有类似鱼眼观看的效果，故名鱼眼镜头（图 2-29）。实际上，鱼眼镜头也是一种广角镜头，其视角比超广角还要大，拍摄时几乎不用调焦，近大远小的透视关系大，空间感极强，前景的夸张效果明显（图 2-30）。

图 2-29 奥林巴斯 8mm 鱼眼镜头

图 2-30 鱼眼镜头拍摄效果图

4. 中焦镜头

中焦距镜头也称“肖像镜头”，85mm 焦距、f /1.2 光圈的镜头被戴上了“人像王”的桂冠（图 2-31）。其相比标准镜头景深更小，有利于突出主题，虚化背景，而且中焦距镜头对空间的压缩作用不强烈，同时能拉开相机和被摄人物之间的距离，容易抓取到人物生动自然的神态，所以比较适合于人像摄影。以 135 相机而言，焦距范围在 85~ 135mm 的一般称为中焦距镜头，其视角在 20° 左右（图 2-32）。

图 2-31 佳能 85mm 中焦镜头

图 2-32 中焦镜头人像摄影效果

5. 长焦镜头

长焦镜头又称远摄镜头或望远镜头，它的焦距长度大于相机画幅的对角线，视角比标准镜头小，焦距比标准镜头长（图 2-33）。长焦镜头的特点与广角镜头恰好相反，视角小，能远

图 2-33 尼康 AF-S 200mm 长焦镜头

图 2-34 长焦距镜头拍摄效果

距离摄取景物的较大影像且不易干扰被摄对象，这一点非常适合远距离拍摄野生动植物；景深小，有利于摄取虚实结合的影像，如体育摄影中运动员特写镜头多数会使用长焦镜头拍摄（图 2-34)。

焦距范围在 135~300mm 的一般称为长焦距镜头，其视角小于 20°；焦距在 300mm 以上的称为超长焦距镜头，其视角小于 8°。

长焦镜头在使用时，由于其视角小，景深浅，调焦稍有不慎画面主体就会虚掉，所以在调焦时一定要十分细致精确。另外，长焦镜头往往体积大，分量重，手持拍摄时容易引起振动，从而影响成像清晰度，所以最好安装在三脚架上拍摄（图 2-35）。

图 2-35 安装在三脚架上的长焦镜头

复习题

1. 按取景方式的不同，可将相机分为哪几类？请详细说明各自的优缺点。
2. 按照画幅进行划分，可将数码相机分为哪几类？
3. 什么是焦距？不同焦距具有什么特点？
4. 根据视角和焦距的变化可将镜头分为哪几种？请详细说明各自的特点与用途。

实训项目

分别用标准镜头、广角镜头、鱼眼镜头、中焦镜头、长焦镜头拍摄风景、人像各两张。

CHAPTER THREE

第三章 摄影曝光

摄影曝光，指的是照相机通过快门的开启，不同的明暗光线使人、景、物的影像曝光生成潜影，运用好特殊的光线，往往能够拍摄出很多不同于一般的效果。

《枫花四溅胜焰火》

《构成》

《黄河古道 · 向阳花开》

《火百合》

第一节 光圈

一、光圈的定义

光圈又称相对孔径，是一个用来控制光线透过镜头，进入机身内感光面的光亮的装置。光圈由若干金属薄片组成，它可以调节进光孔的大小，通常在镜头内（图 3-1）。

图 3-1　光圈的位置与结构

光圈装在镜头的透镜组之间，可根据相机上的光圈环调节孔径的大小，以控制进入镜头的光量，光孔开得大，光线通过量大；光孔开得小，光线进入的就少。镜头的光圈也叫作相对孔径。光圈的大小用光圈系数来表示，简称“f 系数”，通常有以下标准数值：f/1、f/1.4、f/2、f/2.8、f/4、f/5.6、f/8、f/11、f/16、f/22、f/32、f/44、f/64（图 3-2）。

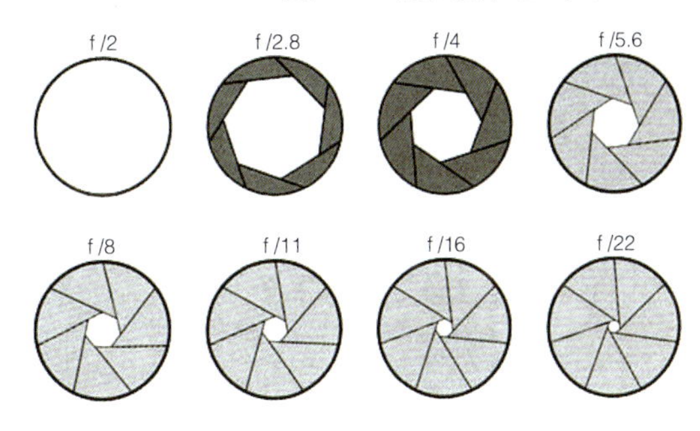

图 3-2　光圈的数值与光孔的关系

这些“f 系数”的标准数值是科学家经过严格计算得出来的。f 系数越小，光圈越大。每相邻两级光圈之间的通光量是 2 倍的关系，每开大一挡光圈，通光量就增加一倍，每缩小一挡光圈，通光量就减少一半，也就是说每相邻两挡光圈之间的通光量相差 1 倍。如 f8 通过的光量是 f/5.6 的一半，是 f/11 的 2 倍。

f 系数的最小值就是镜头的最大光圈，也叫作口径或有效口径。通常相机镜头上会有最大光圈值的标识 1:1.2（图 3-3）。

图 3-3　镜头标识 1:1.2，最大光圈为 1.2

二、光圈的作用

（1）控制曝光量。光圈越大，通光量越多，画面越亮；光圈越小，通光量越少，画面越暗（图 3-4）。

f /8.0

f /4.0

f /16

图 3-4　光圈对曝光量的影响

（2）控制景深。光圈越大，景深越小，有利于虚化背景，突出主体；光圈越小，景深越大，有利于清晰展现全部物体（图 3-5）。

大光圈 f/2

小光圈 f/16

图 3-5　光圈对景深的影响

（3）影响成像质量。每款镜头的最大光圈缩小两挡或三挡的位置是本款镜头的最佳光圈，用本挡光圈拍摄能达到本款镜头的最佳成像质量（图 3-6）。

图 3-6　最大光圈 0.95，最佳光圈 2 或 2.8

第二节　快门的定义及作用

一、快门的定义

快门是照相机上的重要部件，是控制曝光时间长短的装置。它由快门按钮操纵，与光圈互相配合，可以调节胶片的曝光量。快门开启时，光线就投射到胶片上；快门关闭时，光线被阻止。早期的照相机并没有快门，而是用镜头盖代替，20 世纪 20 年代出现了机械快门，20 世纪 60 年代出现了电子快门。快门速度的标准数值有 T，B，1，2，4，8，15，30，60，125，250，500，1 000，2 000，4 000,……这些数字表示实际快门速度的倒数(图 3-7)，单位为秒，也就是 1 秒，1/2 秒，1/4 秒、1/8 秒，1/15 秒，1/30 秒，1/60 秒，1/125 秒，1/250 秒，1/500 秒，1/1 000 秒，1/2 000 秒，1/4 000 秒，依此类推。这些快门速度的标准数值是科学家经过严格计算得来的，和光圈一样，现代数码相机的快门速度在标准数值的基础上也进行了细化，在每两挡之间又增设了两挡，从而把标准数值中的一挡快门速度分成了三等份，这样更有利于准确地控制曝光，如在 1/8 与 1/15 之间增设了 1/10 和 1/13，在 1/60 和 1/125 之间增设了 1/80 和 1/100 等。

图 3-7　4 000 代表 1/4 000 秒

每相邻两挡快门速度之间的曝光量相差一级，也就是说相邻两挡快门速度之间的感光时间是 2 倍关系，曝光量也是 2 倍关系。

B 门和 T 门统称为慢门，当我们需要长时间曝光或特殊时间长度的曝光时就可以使用 B 门和 T 门来控制快门时间。B 门和 T 门的区别在于，B 门是按下快门释放按钮时开启 ，松开快门释放按钮时关闭；T 门是按下快门释放按钮，快门开启，要再按一次快门按钮，快门才会关闭。目前的数码相机只有 B 门，可以安装快门线达到 T 门的效果（图 3-8）。

图 3-8 快门

二、快门的作用

（1）控制曝光时间。快门速度越快，曝光时间越短，画面越暗；快门速度越慢，曝光时间越长，画面越亮（图 3-9）。

1/250 秒

1/500 秒

图 3-9 控制曝光时间

（2）影响成像清晰度。控制运动物体的动感效果。高速快门可以凝固运动的物体，同时减少手持照相机或照相机自身的振动带来的对于影像清晰度的干扰。一般手持照相机拍照，为了不影响成像清晰度，其快门速度定为接近镜头焦距的倒数，如 50mm 焦距的镜头为 1/60 秒，200mm 焦距的镜头为 1/250 秒（图 3-10）。

图 3-10 高速快门与低速快门

第三节 快门的种类

快门按控制方式可分为机械式快门和电子式快门两种。机械式快门通过机械调控方法控制曝光时间，根据快门安放的位置又可划分为四种形式：镜前快门、镜间快门、镜后快门和焦平面快门。现在常用的是镜间快门和焦平面快门。电子式快门通过电子延时电路等装置自动控制曝光时间，其精确度很高。

一、镜间快门

镜间快门又叫作中心快门（图 3-11），由若干金属叶片制成，位于镜头中间与机身内的齿轮弹簧相连，用快门按钮来操纵开启和闭合，借助了弹簧的张弛，使叶片从中心开启，叶片逐渐开大、开足，然后逐渐缩小，曝光结束时叶片闭合。平视旁轴取景相机和 120 单反照相机采用的都是镜间快门。

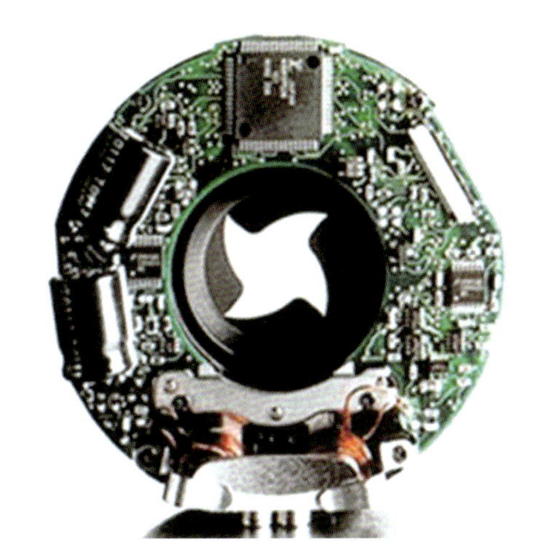

图 3-11　镜间快门

镜间快门的优点是可以实现将胶片整体曝光，曝光过程均匀；它的任何一级快门都能和电子闪光灯同步，而且在拍摄运动物体时不会变形。它的缺陷是一般不可拆卸，以机械装置来操纵，机械摩擦系数较大，快门速度不高，通常在 1/500 秒以下，不擅长拍摄快速运动的物体；曝光不够准确，光圈越大，曝光时间越短，通光效率反而越低，拍摄的画面会形成四周边缘曝光不足的现象。

二、焦平面快门

焦平面快门也称帘幕快门（图 3-12），安装在机身后部，其位置紧贴镜头焦点平面处，在感光胶片或 CCD（CMOS）影像感应器的前面并与其平行。目前的数码相机使用的均是焦平面快门。焦平面快门是通过帘幕上裂口的移动进行曝光的，快门开启时，帘幕打开一个或大或小的裂口，并从画面的一端走向另一端，胶片随之感光。帘幕快门分

图 3-12　焦平面快门

横走式快门和纵走式快门两种，横走式快门的帘幕是左右横向移动的，由特殊的黑色胶质绸布制成；纵走式快门的帘幕是上下垂直移动的，多为金属帘幕，也叫作钢片快门，现代相机大多数使用的都是金属帘幕快门。

焦平面快门的结构严密，快门速度较高，一般可达到 1/1 000~1/2 000 秒，有的甚至达到 1/8 000 秒及 1/12 000 秒，这对拍摄运动物体来说是十分有利的。并且，无论快门速度高或者低都可均匀感光，通光量不受影响，不会产生镜间快门大光圈高速度时出现的曝光不足的现象。其缺陷是用高速度快门拍摄快速运动的物体时容易产生影像变形，物体运动速度越快，变形越严重。

第四节 曝光控制

曝光是摄影最基本也最重要的技术之一，合理的曝光控制是获得好照片的关键。高质量的影像以准确曝光为基础，在准确曝光的基础上达到正确曝光，以此获得最佳的影像效果。曝光理论不难理解，但是要掌握曝光技术，还需要摄影者理论和实践的结合，在长期的拍摄过程中掌握摄影曝光技能。

一、曝光的概念

曝光简单点说就是光线通过镜头到达胶片（或影像传感器）表面使胶片（或影像传感器）感光的过程。调好光圈与快门速度后，按下相机快门按钮，在快门开启的瞬间，光线通过光圈的光孔使胶片（或影像传感器）感光，这就是摄影曝光。

在这里我们需要了解几个概念，那就是准确曝光、曝光过度、曝光不足和正确曝光，以加深对曝光的认识。

1. 准确曝光

准确曝光是指通过光圈和快门的精确组合，使感光材料获得适当的曝光量，其对曝光的精确性要求高，不容许有曝光过度和曝光不足的失误。曝光准确的照片细节都很丰富，能较好地表现被摄对象原有的影调、色调、质感、清晰度和层次（图 3-13）。

2. 曝光过度

曝光过度是指在拍摄过程中，因曝光失误，使得胶片感受了太多的光线，影像高光部分的层次、细节基本消失，整个照片的画面呈现灰白色（图 3-14）。

3. 曝光不足

曝光不足是指在拍摄过程中，因过高地估计了被摄对象的亮度，感受的光线不够，影像阴暗部分的层次、细节基本消失，整个照片的画面呈现灰黑色（图 3-15）。

图 3-13　准确曝光效果

图 3-14　曝光过度效果

图 3-15 曝光不足效果

4. 正确曝光

正确曝光是相对而言的，摄影曝光在许多情况下是以再现景物的丰富影调为目的的，这时就需要我们精确地组合光圈和快门，实现准确曝光。然而，在不少情况下，摄影者往往会有意识地多曝光或少曝光来达到一些特殊的表现效果，例如，我们在拍摄冬季雪景时，要想把白雪的亮部细节充分表现出来，就需要在准确曝光的基础上增加一些曝光，这就是准确曝光基础上的正确曝光（图 3-16）。准确曝光更倾向于摄影的技术标准，正确曝光则更倾向于摄影的艺术标准。我们应该在摄影实践过程中充分注重正确曝光的艺术价值。

图 3-16 正确曝光效果

二、曝光模式

现在照相机功能多样，一般具有多种曝光模式，这些不同的曝光模式各具特点，根据不同的拍摄条件和拍摄要求，恰当选择合适的曝光模式是拍摄出优秀的摄影作品非常关键的一步。常用的曝光模式有光圈优先曝光模式（AV/A）、快门速度优先模式（TV/S）、程序自动曝光模式（P）、手动曝光模式（M）、自动曝光模式（A+/AUTO）(图 3-17、图 3-18)。

图 3-17　佳能相机曝光模式拨盘

图 3-18　尼康相机曝光模式拨盘

1. 光圈优先曝光模式（AV/A）

光圈优先曝光模式又称为光圈先决模式，在相机上用字母 A 或 AV 表示，是人为地设定光圈值，拍摄时照相机根据先行设定的光圈值，自动调整快门速度，以实现正确的曝光。它比较适合于控制景深效果的摄影，画面的景深受镜头的光圈、焦距和物距三个因素的影响。在很多情况下，光圈大小对景深的控制是决定性的，光圈开度越大，景深越小；光圈越小，景深越大。

使用光圈优先曝光模式拍摄的时候要注意观察快门速度，如果拍摄现场光线较强，使用大光圈拍摄时要注意快门速度的控制，防止曝光过度现象的产生；如果拍摄现场光线较暗，使用小光圈拍摄时，快门速度较慢，再加上手持拍摄的话，就容易拍摄出模糊的影像，影响成像质量，这时就应该开大光圈或者使用三脚架保持相机的稳定。

2. 快门速度优先模式（TV/S）

快门速度优先模式又称快门先决模式，在相机上用字母 S 或者 TV 表示，是人为地调节快门速度，拍摄时照相机根据先行调定的快门速度，自动调整光圈大小，以实现正确的曝光。它比较适合于控制影像动态效果的摄影，用较快的快门速度就可以凝固动体的精彩瞬间，用较慢的快门速度就可以把动体的动势与运动轨迹拍摄出来。

使用快门优先曝光模式拍摄的时候要注意观察光圈值的变化，如果拍摄现场光线较暗，而又选择了较快的快门速度，可能出现即使开到最大光圈也不能满足曝光需要的情况，这时就必须降低快门速度，以保证获得正确的曝光；如果拍摄现场光线较强，而又选择了较慢的快门速度，可能出现即使开到最小光圈也会出现曝光过度的情况，这时就必须提高快门速度，以保证获得正确的曝光。

3. 程序自动曝光模式（P）

程序自动曝光模式在相机上用字母 P 表示，它是电子技术与人工智能相结合的产物。采用这种曝光模式时，相机能根据机内测光系统自动地调节光圈的大小和快门的速度，给出合适的曝光组合，摄影者可以根据需要调整其中的一个值，另一个就会自动地随之变化，以保证曝光的正确。

程序自动曝光模式可以适应大部分情况下的拍摄要求，并能保证大多数图片获得正确的曝光，并且大大方便了现场抓拍工作。程序自动曝光模式的不足在于其光圈和快门完全由程序自动给定，自动化程度高，摄影者缺乏主动控制。

4. 手动曝光模式（M）

手动曝光模式在相机上用字母 M 表示，属于完全人为控制的曝光模式，拍摄的所有参数都由摄影者自己设定。按照摄影者的拍摄需要与拍摄经验，通过手动调节光圈值和快门速度，进行正确的曝光，有很强的自主选择性。

手动曝光模式一般适合于有一定摄影基础的人使用，这种曝光模式能最大限度地表现景物各种亮度层次，能取得良好的曝光效果。但由于这种模式需要对相机的光圈、快门与 ISO 值等作出正确的调整，才能拍出曝光正确的照片，所以操作比较慢，不太适合抓拍的情况。

5. 自动曝光模式（A+/AUTO）

程序自动曝光模式只是曝光程序的自动，此外，相机还提供了一种全自动曝光模式，在相机上用字母 AUTO 表示。在这种模式下，曝光、对焦等均由相机自动调节，拍摄时，我们只要把相机拍摄模式旋钮调至全自动模式下，半按快门，相机就会自动对焦，按下快门，就可以拍摄出清晰的照片。

除了全自动曝光模式，相机还有一些简单的自动曝光模式，如微距、人像、风景、运动等。微距自动曝光模式下，相机自动选择适中的光圈，使主体清晰，背景虚化；人像自动曝光模式下，相机自动选择最大光圈，并且对人物的皮肤色彩进行优化处理；风景自动曝光模式下，相机自动选择较小的光圈进行拍摄，并对景物色彩进行优化处理；运动自动曝光模式下，相机自动选择较快的快门速度并开启跟踪对焦模式。这种模式适合没有摄影基础的人或摄影初学者使用。

三、曝光补偿

曝光补偿是一种曝光控制方式，如果环境光源偏暗，即可增加曝光值（如调整为 +1EV、+2EV）以突显画面的亮度。曝光补偿就是有意识地变更相机自动演算出的“合适”曝光参数，让照片更明亮或者更昏暗的拍摄手法。拍摄者可以根据自己的想法调节照片的明暗程度，创造出独特的视觉效果等。一般来说，相机会变更光圈值或者快门速度来进行曝光值的调节。

《家园》

《坚守》

《建设者》

《角儿》

复习题

1. 什么是光圈？光圈数值与光孔之间的关系是什么？
2. 光圈的三个作用是什么？
3. 什么是快门？快门的种类有哪些？
4. 快门的作用有哪些？
5. 描述曝光正常、曝光不足、曝光过度的画面效果。
6. 常用的曝光模式有哪些？在相机上用什么表示？
7. 详细阐述不同曝光模式适合拍摄的题材。

实训项目

1. 拍摄场景、主体、快门速度不变，分别用 f/4.0、f/8.0、f/16 拍摄 3 张画面，对比光圈对曝光的影响。

2. 设置高速快门拍摄运动物体 2 张；设置低速快门拍摄夜景 2 张。

3. 使用光圈优先、快门优先、手动曝光模式各拍摄风光、动体、人物 3 张。

CHAPTER FOUR

第四章 摄影测光

摄影是一门用光的艺术，我们根据景物的反射光，用相机记录下各种光线条件下的影像。自然界的光线是变化多样的，相机能记录下来的光的数量也随着光线的变化而变化，要得到曝光正确的影像，需要一种专门的测光系统来测量被摄体的亮度，以确定曝光量，从而更精确地组合光圈和快门速度。

《居家》

《傀儡戏的传承》

《蓝天彩虹》

《马背汉子》

第一节 摄影的测光系统

摄影的测光系统分为两种：外测光系统和内置式测光系统。

一、外测光系统

测光装置装在相机外或者脱离机身独立存在，称为独立式测光表，它既可以测量光线照度，又可以测量景物反射光（图 4-1）。独立式测光表根据光线照度或景物反射光的亮度，给出合适的光圈、快门组合数值。独立式测光表在测量景物反射光亮度时，是以景物平均灰度 18% 的反射率为基础亮度的。

图 4-1　独立式测光表

二、内置式测光系统

内置式测光一般应用于单镜头反光照相机，测光经过镜头，因此较为准确，是一种应用最多的测光形式。随着数码相机自动化程度的提高，测光模式也越来越多，按照测光区域的不同，将测光模式分为评价测光、中央重点测光、局部测光、点测光等（图 4-2）。

图 4-2　内置式测光

第二节　常用的测光模式

一、评价测光（矩阵测光）

评价测光模式将被摄对象分成若干区域，分别进行测光后，由相机内部的微处理器核对存储的资料库并进行数据分析与处理，它参照被摄主体的位置与背景的亮度关系，甚至是场景的色彩关系等因素，综合评估后得到曝光值（图 4-3）。评价测光是目前比较先进的一种测光模式，它能在各种复杂的光线条件下获得更为准确的曝光，尤其适于景物光线反差不大的顺光场合，如家庭合影、一般的风景照（图 4-4）。

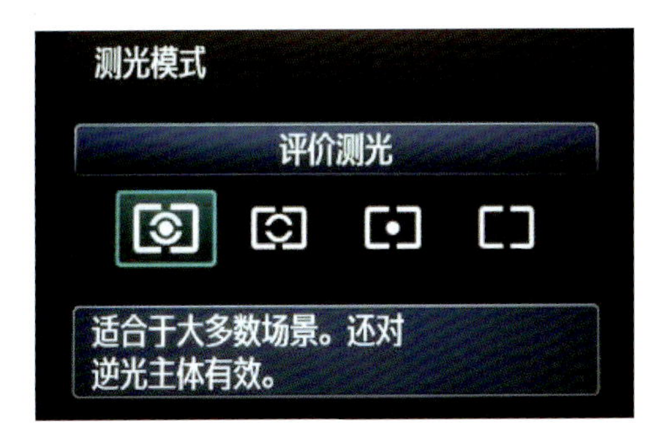

图 4-3　评价测光

图 4-4　顺光风景照

二、中央重点测光

中央重点测光区域以画面中央位置的亮度值为主，以其余部分的亮度值为辅，该模式下通常可以兼顾到主体和周围景物的亮度值，在景物反差不大的情况下，该模式基本都能达到理想的画面效果（图 4-5）。该测光模式在拍摄花卉特写（图 4-6）、人像写真、产品静物等以画面中心为主要表现对象的题材时运用较为广泛。

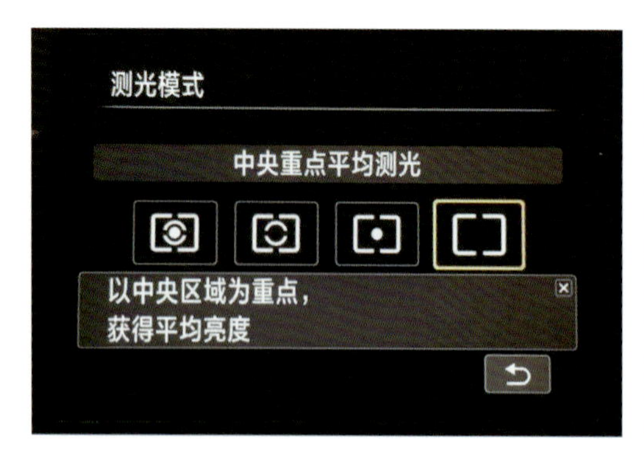

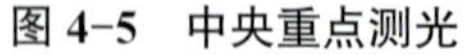
图 4-5　中央重点测光

图 4-6　花卉特写

三、局部测光

局部测光的方式是对画面的某一局部进行测光。当被摄主体与背景有着强烈明暗反差，而且被摄主体所占画面的比例不大时，运用这种测光方式最合适；在这种情况下，局部测光比第一、二种测光方式准确，又不像点测光方式那样由于测光点太狭小需要一定测光经验才不容易失误（图 4-7）。局部测光适用于拍摄特定条件下需要准确测光，测光范围比点测光更大时。该测光模式在拍摄明暗对比大、主体比例不突出的题材时运用较为广泛（图 4-8）。

图 4-7　局部测光

图 4-8　光比大的被摄体

四、点测光

点测光区域仅限于画面中央 1% ~ 3% 的范围内，基本上不受测光区域外其他景物亮度的影响，这样方便对画面各个部分亮度差异进行测量，是具有较高精确度的测光模式。运用点测光模式时，摄影者需要考虑选择哪个部位的亮度作为点测光的对象，以获得理想的画面（图 4-9）。一般我们会选择反光率为 18% 中级灰的景物作为亮度基准。点测光适合小范围主体的准确曝光。在逆光摄影、特写照片拍摄、个人艺术照拍摄、舞台摄影等级中可以考虑运用点测光模式（图 4-10）。

图 4-9 点测光

图 4-10 逆光摄影

《梦》

《妙韵生晖》

《荣耀之证》

《沙海孤舟》

复习题

1. 相机的测光系统分为哪几种？列举出其各自的特点。
2. 常用的测光模式有哪些？详细说明适合拍摄的场景。

实训项目

1. 使用评价测光、中央重点测光模式分别拍摄顺光、侧光、逆光画面各两张。
2. 使用局部测光、点测光模式分别拍摄顺光、侧光、逆光画面各两张。

CHAPTER FIVE

第五章 景深

景深，是指在镜头或其他成像器前沿能够取得清晰的成像所测定的被摄物体前后距离范围。光圈、镜头及拍摄物的距离是影响景深的重要因素。

《沙韵》

《少年已知读书好》

《蛇女之发》

《呻吟的冰川》

第一节 景深的定义

景深是指被摄景物的清晰范围。当我们把镜头对着一个景物聚焦时，会在聚焦点前后产生一个清晰的范围，这个范围的最近点到最远点之间的距离，叫作景深（图 5-1）。从聚焦点到最近清晰点的距离叫前景深，从聚焦点到最远清晰点的距离叫后景深。景深并不是以聚焦点为中心前后平均分布的，一般来说，前景深比后景深要小，比例大致为 1:2。当使用微距摄影时，前景深与后景深之比接近 1:1；当使用广角镜头较近距离拍摄时，前后景深的比例将大于 1: 2。

景深是镜头最重要的造型语言，景深大小的选择要根据所表现主题的需要以及我们主观的创意思维确定，学会合理控制景深是学习摄影所必需的环节。我们可以运用相机上的景深

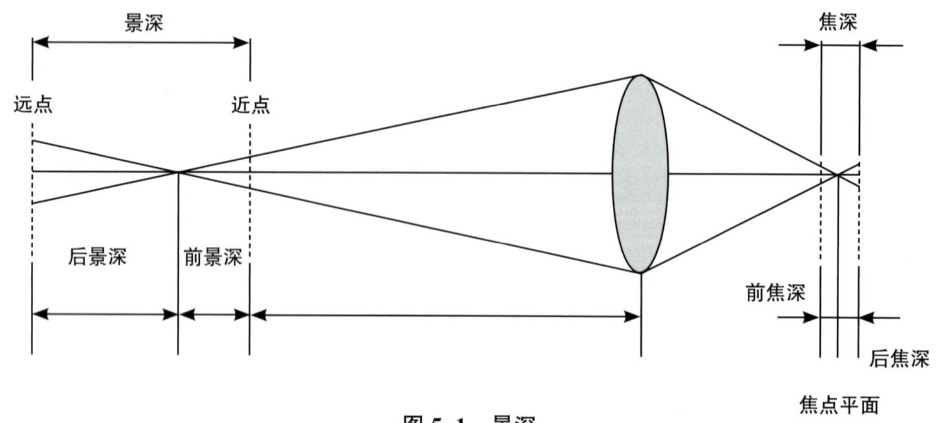

图 5-1　景深

预测按钮了解景深或者通过读镜头上的景深刻度了解景深。

缩小景深可以实现让被摄主体清晰，使不需要的或次要的背景物体虚化。这样就可以达到突出被摄主体、强化主题、虚化背景的效果（图 5-2）。扩大景深可以实现让所有的被摄体在画面上都能清晰地展现，表现出被摄对象的每一处细节，这样可以展现被摄对象丰富的层次特性（图 5-3）。

图 5-2　小景深

图 5-3　大景深

第二节 影响景深的因素

一、光圈的大小

光圈和景深成反比。在镜头的焦距和物距不变的情况下，光圈越大，景深越小；光圈越小，景深越大（图 5-4）。

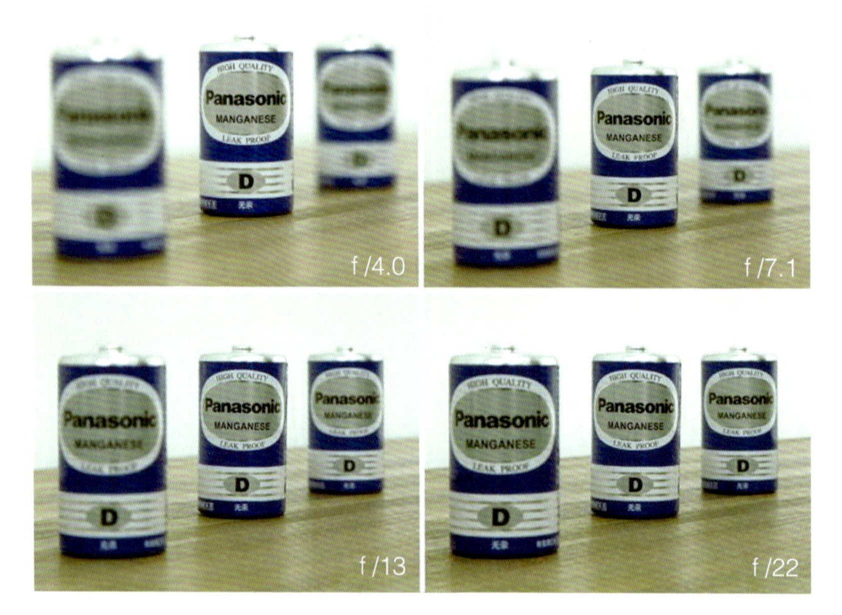

图 5-4　不同光圈对景深的影响

二、镜头焦距的长短

镜头焦距和景深成反比。在镜头的光圈和物距不变的情况下，镜头焦距越短，景深越大；镜头焦距越长，景深越小（图 5-5）。

图 5-5　不同焦距对景深的影响

三、摄距的远近

被摄物体的远近与景深成正比。在镜头的光圈和焦距不变的情况下，被摄体离相机越近，景深越小；被摄体离相机越远，景深越大（图 5-6）。

我们可以看出影响一幅照片的景深大小的因素是多方面的，所以在实际拍摄过程中，要根据现场的具体情况和我们的主观需要，把多个因素结合起来，灵活运用，充分发挥景深的优势。

图 5-6　不同摄距对景深的影响

第三节　超焦距

一、超焦距的定义

超焦距又称超焦点距离，是指镜头聚焦到无限远时，从镜头至最近点的距离。超焦距不是指某一个固定的距离。不同的光圈会造成不同的超焦距，光圈越小，超焦距越近；镜头焦距不同，即使光圈相同，超焦距也不同，镜头焦距越长，超焦距越远。

二、影响超焦距的因素

超焦距的变化规律：超焦距值会随光圈、镜头焦距和模糊圈的变化而变化。

1. 光圈

超焦距值与光圈成正比。光圈越小，超焦距值越小；光圈越大，超焦距值越大。

2. 镜头焦距

超焦距值与镜头焦距成正比。镜头焦距越短，超焦距值越小；镜头焦距越长，超焦距值越大。

3. 模糊圈

超焦距值与允许的模糊圈成反比。允许的模糊圈越大，超焦距值越小；允许的模糊圈越小，超焦距值越大。

三、超焦距的应用

超焦距在实践中用处很大，它可以充分发挥景深的潜力，进一步扩大景深的范围。

应用超焦距增加景深的方法就是把无限远调焦改变为调焦在超焦距上。例如，f /8 光圈的超焦距为 10m，调焦在无限远处，景深的范围是 10m 至无限远；如果改变调焦方法，把焦点对在超焦距（10m）上，那么，从镜头前 5m 起至无限远都是有效拍摄范围，这样景深就增加了半个超焦距。

应用超焦距对拍摄运动物体和大场面的照片是很有好处的，因为速度较快的运动物体，往往拍摄时来不及对焦，用超焦距，就可以在极短的时间里把景深范围内的物体清楚地抢拍下来。另外，当被摄体以无限远的景物做背景，并要求主体与背景都清楚时，应用超焦距能达到理想的效果。

第四节 景深的选择

景深的运用是摄影的一个重要手段。选择不同的景深，可以拍摄出不同清晰度的照片，每幅照片各有自己独特的艺术效果。

1. 浅景深的运用

浅景深常用于拍摄特写和人像，它的最大作用是能够有效突出主体。在拍摄过程中，为了突出表现主题，需要把拍摄物周围不利于烘托主题的或者是杂乱的景或物虚化。景深越小，主体越突出。

在拍摄中，使用最大光圈可以取得最小景深。如果光线太亮，就需要以最快的速度配合曝光，曝光仍然过度的话，就需要使用灰色滤镜或者低速胶卷。另外，缩短摄距可以帮助缩小景深。

2. 长景深的运用

长景深常用于拍摄未知活动的运动物体或大场面景物。使用长景深可以把调焦困难的运动物体拍摄清楚，大场面的前后景物都纳入景深范围之内。由于使用最小光圈，才能获得最大景深，这就需要较慢的快门速度配合。如果速度过慢，无法手持拍摄，就需要借助三脚架或者高速胶卷来完成。另外，增加摄距或者更换短焦距镜头可以加大景深。

《时装梦》

《守护》

《守护国门》

《守护者》

复习题

1. 什么是景深？请描述大景深、小景深的画面效果。
2. 影响景深的三个要素是什么？请描述它们与景深的关系。
3. 什么是超焦距？影响超焦距的因素有哪些？
4. 在实际拍摄中如何运用超焦距？

实训项目

1. 拍摄人像、花卉摄影小景深画面各 3 张。
2. 拍摄风光、建筑摄影大景深画面各 3 张。

CHAPTER SIX

第六章 摄影取景

取景就是拍照时通过取景框对被摄景物进行选择和安排，并构成画面。在这个过程中，原来没有明确意义的景物被提炼成有某种倾向或者意境的画面，从而可以产生不同于景物的暗示，达到高于景物的美学效果，完成摄影作品的创作。因此，摄影取景就是摄影构图的完成手段。取景往往决定于拍摄点和角度的选择。它包括取景框的处理、地平线的处理、主体和陪体的位置安排，拍摄的高度、距离和具体方向选择以及前景、背景的选择处理等。

《书香润三明》

《瞬间》

《天山牧歌》

《舔犊情》

第一节 取景的一般技巧

一、取景框的处理

135 照相机的取景框是长方形的，习惯的使用方法是将照相机横着平端，但拍摄时也可以将相机竖起来以观看画面效果。一般的规律是，被摄物比较宽或者以横的线条为主题，宜横拍（图 6-1）；被摄物比较高或者以竖的线条为主体，宜竖拍（图 6-2）。

二、地平线的处理

地平线（或水平线）的基本要求是要平，与取景框的上下边框平行，不能倾斜。 画面中的地平线一般不可上下居中，居中的直线会将画面割裂成两半。常见的方法是将它安排在画面的上方或下方。 地平线比较高的画面显得饱满（图 6-3）， 地平线比较低的画面显得开阔（图 6-4）。

图 6-1　横拍取景

图 6-2　竖拍取景

图 6-3 地平线在上三分之一，画面显得饱满

图 6-4 地平线在下三分之一，画面显得开阔

三、主体位置的安排

一般一幅画面往往只选择一个主体，而将其他相关物体作为陪衬，无关的物体舍弃在外。具体处理方法：

主体可以占满整个画面，没有任何陪体；主体也可拍得比较小，置于环境中，这时主体位置可不必安排在画面中央，可略偏于一侧。例如，将画面设计成井字风格，主体放在交叉点上，构成趣味中心（图 6-5）。

图 6-5 主体构成趣味中心

第二节 取景三要素

一、拍摄角度

1. 拍摄点

照相机镜头相对被摄体的方位称为拍摄点，拍摄点是影响摄影构图的首要因素，只有明确了拍摄点才能开展下一步工作。拍摄点要根据拍摄的目的和表现的内容、主题思想来定。

2. 拍摄距离

拍摄距离是指拍摄点到被摄对象之间的距离，在摄影中，拍摄距离会影响主体和环境的表现，决定作品的景别。景别是指拍摄距离的变化带来的画面结构的变化，它影响取景的范围，决定对象之间的相互关系和地位。一般可以分为远景、全景、中景、近景和特写五种景别。

（1）远景。远景表现风光和场景的气势，强调景物的整体结构而忽略细节。拍摄距离远，视野广阔，画面容纳的景物范围大，最能表现远距离的人物、事物以及周围广阔的自然环境和气氛。远景的表达一般以环境为主，它的作用是展示巨大的空间，介绍环境，或者表现主体所处的场景、环境、气氛与气势（图 6-6）。

画面造型的主要功能：交代主体所处的环境；描写自然风光；表现宏大的气势和气氛。

图 6-6 远景

（2）全景。全景展示主体全貌和特点。全景包括被摄主体的全貌以及周围的环境。全景可以用来交代事件发生的环境，主体在该环境中的活动，以及主体和周围环境的关系。通常要将被摄主体置于画面的主要位置，通过特定的环境、气氛来烘托主体（图 6-7）。

画面造型的主要功能：常用来拍摄人物在会场、课堂、集市、商场等一定范围内的活动；揭示主体与周围环境的关系，是塑造环境中人或物的主要手段。

图 6-7 全景

（3）中景。中景展示情节交流。中景包括被摄主体的主要部分，如果主体是人，一般取膝盖以上的部分。在画面中，主体的形象占主要部分，常常用来表现主体与辅体的关系，以情节取胜（图 6-8）。

（4）近景。近景刻画面部表情。近景较中景的取景范围更小，包括被摄主体的更为主要的部分。若主体是人，则取胸部以上的部分。近景用来突出人物的神情或物体的细部特征，是描写人物情感和事物细节的主要景别（图 6-9）。

画面造型的主要功能：刻画人物性格，展示人物内心；突出人物的神情和主要动作，常用来表现人物交谈的场景；突出相当的景物。

图 6-8　中景

图 6-9　近景

（5）特写。特写强调视觉冲击。特写只取景物的局部，并让其充满画面，针对局部细节进行刻画。它视觉距离最近，能让观者从细微处观察对象的特征，给人留下深刻的视觉印象（图 6-10）。

画面造型的主要功能：把人或物从环境中强调出来，突出某一人或物的细节特征；刻画人物，表现情绪；突出画面的重点主体；引出线索性事物；可与其他景别重叠组合，使节奏加快，造成紧张激烈的气氛。

图 6-10　特写

二、拍摄方向

1. 正面

照相机正对着被摄对象，拍摄主体正面形象，有利于获得对称美，使画面庄重威严。但正面拍摄缺乏透视感，立体感差，容易显得呆板（图 6-11）。

2. 侧面

被摄对象正面与相机光轴成 45° 角左右，这是摄影常用到的拍摄方位。从这个方位拍出的影像透视效果明显、画面生动、立体感强（图 6-12）。

图 6-11　正面

图 6-12　侧面

3. 背面

被摄对象背对着相机镜头，拍摄人物的背面，主要表现被摄对象背面轮廓，还能激发观者的兴趣，引发丰富的联想（图 6-13）。

图 6-13　背面

三、拍摄高度

1. 平拍

照相机镜头与被摄对象在同一视平线上，它接近人眼的视觉习惯，画面有正常的透视效果，给人一种亲切、自然、真实的感觉（图 6-14）。

图 6-14　平拍

2. 仰拍

照相机镜头低于被摄对象的水平高度，由下向上看，有助于夸大和强调被摄对象的高度，使画面给人一种宏伟、高大的视觉感受（图 6-15）。

图 6-15　仰拍

3. 俯拍

照相机镜头高于被摄对象，由上往下拍摄，景物在画面上得到充分展现，适于表现盛大的场面（图 6-16）。

图 6-16 俯拍

复习题

1. 取景的一般技巧包括哪三个方面？请详细说明。

2. 取景的三要素是什么？

3. 什么是景别？请详细阐述五种不同景别的特点与主要功能。

实训项目

1. 拍摄远景、全景、中景、近景、特写不同景别的画面各 2 张。

2. 拍摄平拍、仰拍、俯拍不同高度的画面各 3 张。

3. 拍摄人像正面、侧面、背面不同角度的画面各 3 张。

CHAPTER SEVEN

第七章 摄影构图

摄影构图是照片画面上的布局、结构。摄影构图就是要研究以表象形式结构在摄影画面上形成美的形式表现。

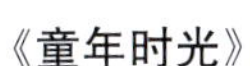

《童年时光》

《脱贫村民的家当》

《网红人家》

《我们仨》

第一节 摄影构图的原则及要求

一、摄影构图的原则

1. 摄影构图的定义

构图是一门历史悠久的学科，在摄影出现之前，古希腊和古罗马人就已经掌握了构图法则，并在其建筑当中进行了很好的运用。《辞海》对构图的解释是：“构图，造型艺术术语。艺术家为了表现作品的思想内容和美感效果，在一定的空间，安排和处理人、物的关系和位置，把个别或局部的形象组成艺术的整体。在中国传统绘画中称为‘章法’或‘布局’。”

摄影构图又称为取景构图。摄影构图从广义上讲贯穿从现场拍摄至最终裁剪的全过程；狭义地说就是画面景物的处理与安排，通过镜头的取景框，将画面中的各个元素有机地组织在一起，使之形成一个统一的整体，将自然界的“形”变成艺术的“形”。

2. 摄影构图的内容与形式

优秀的照片必须有正确的思想、深刻的内容和众多的信息量，同时也需要具备内容形式的完美统一。单单从形式出发，没有创意、没有内容必然是空洞的；仅仅知道选择内容，而不知道如何恰当地表现它，也是拍不出好照片的。没有内容就没有形式，没有形式内容也就无从表现。摄影构图研究的是表现内容的形式及其规律。

3. 摄影构图的基本原则

（1）突出主体，揭示主题思想。摄影构图，内容是基础，我们在构图的时候，首先要明确的就是画面的内容和主题思想，而画面的内容和主题思想是通过主体体现出来的，只有突出主体才能揭示主题思想。所以，我们应该掌握一些突出主体的方法，以便更好地为主题服务。

（2）从主题思想出发，正确处理好主体、陪体和环境的关系。主体、陪体和环境是摄影画面的主要构成要素，三者之间有着密切的联系。主体是构成画面的主要组成部分，主体不但是画面内容的中心，也是画面结构的中心，主体在画面上的安排要明确、突出并引人注意。陪体在画面上与主体紧密关联，用以陪衬、烘托主体，并与主体构成一定情节，帮助主体揭示主题，同时也起到均衡画面的作用。陪体的安排和处理不能喧宾夺主，破坏主体的表现。环境是画面的重要组成部分，一幅照片可以没有陪体，但一定会有环境，哪怕是拍摄标准的一英寸照片，被摄主体后边也会衬一块背景布。环境也是为主体服务的，在画面当中用于烘托主体，表现一定的情调和气氛。环境的选择要尽量简洁，避免凌乱。

4. 摄影构图的目的

摄影构图的目的是把构思中典型化了的人或景物加以强调、突出，从而舍弃那些一般的、表面的、烦琐的、次要的东西，并恰当地安排陪体、选择环境，以使作品艺术效果更强烈、更完善、更集中、更典型、更理想。

二、摄影构图的要求

1. 简洁

摄影构图不同于绘画构图，摄影构图是减法，任何与主题无关的、不必要的景物一律舍弃，只留下与主题息息相关的元素。摄影构图时要敢于取舍，以做到画面简洁明了。

2. 生动

生动是指拍摄的对象要具有典型性，按动快门的瞬间要能将被摄主体最鲜明的特征、瞬间动态等畅快淋漓地表现出来。被摄主体要有生气，富于变化，并能带动观者的情绪。

3. 完整

完整是指画面中的各个元素相辅相成，形成一个统一而不可分割的整体，画面中没有任何干扰因素。完整不等于完全，它是指画面中的被摄对象给人以相对完整的视觉印象。由于视觉的延伸效果，有时不完全的景物也会给观者一个完整的印象。我们在拍摄照片时，一定要注意将被摄对象拍得完整，尤其是被摄主体一定不能残缺不全，影响主体和主题的表现。

4. 稳定

稳定是指画面中的各个元素要给观者以均衡的视觉感受，除非摄影者有意追求某种特殊效果，通常情况下，摄影画面要有稳定感。初学摄影的人常常把握不好这个问题，尤其在拍摄水平线或地平线时，往往稍微倾斜画面就会失衡。对称和均衡在视觉上都会给人以稳定感。

第二节 常用的摄影构图方式

“生活中不是缺少美，而是缺少发现美的眼睛。”面对变幻莫测的大千世界，我们如何练就一双发现美的眼睛？这就需要我们多观察，多想象，可能很普通的一个场景，摄影者稍微移动一下位置或改变一下相机的视角，就能在构图上产生强烈的变化。所以说，绝大多数好照片是用心创作的成果。

下面列举一些常用的摄影构图方式，以帮助摄影初学者迅速掌握基本的摄影构图形式，并能在具体实践过程中熟练使用。当然，并不是说掌握了这些常用的构图方式就能一劳永逸了，所谓 “法无定法”，在摄影当中，没有以不变应万变的招数能让大家完成所有的拍摄任务。希望大家在这些基本构图方式的基础上，勇于创新，找到自己独特的视角，拍摄出有新意的作品。

一、九宫格构图

黄金分割原理是由古希腊人发明的几何学公式，通常认为 1 ∶ 0.618 这种固定的比例关系是十分优美的，遵循这一规则的构图形式被认为是“完美”的，因此把这种比率称为“黄金分割率”。 处于黄金分割线上或者黄金分割点上的物体，便处于视觉中心，是最容易引起人们视觉兴趣的。

摄影构图通常运用的三分法、九宫格、结构中心就是黄金分割的演变，三分法、九宫格与黄金分割比率的位置稍微有差距，但是在视觉上也可以达到自然、和谐的效果。把长方形画面的长、宽各三等分，整个画面呈现出井字形分割，当主体形象较大时，把主体安排在画面或上或下、或左或右的三分之一处，都可以达到突出主体的作用。当主体形象较小时，井字形分割线的 4 个交叉点便是最佳位置，至于放在哪个点上，要根据具体情况和摄影者的创作意图而定（图 7-1）。

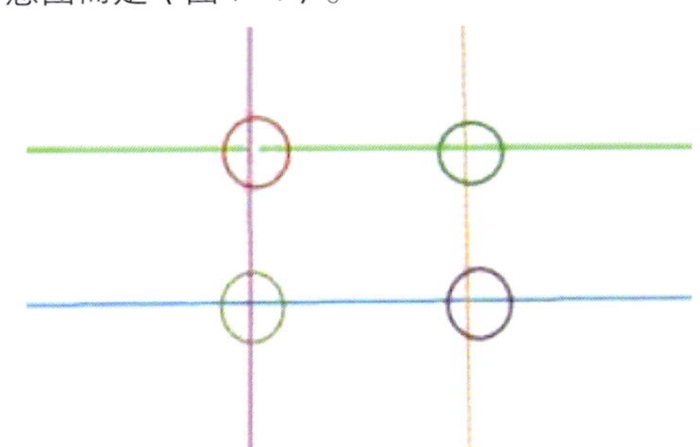

图 7-1 九宫格构图

二、水平式构图

水平式构图是最基本的构图形式，它给人平静、安宁、广阔的感觉，能充分展示景物的水平舒展性，常用于表现人物的生活环境、主体和陪体之间的呼应关系（图 7-2）。

图 7-2 水平式构图

三、垂直式构图

垂直式构图给人重心稳定、庄严、肃穆的感觉，能充分强化景物高大的感觉，常用于表现森林里的参天大树、发射的火箭、飞泻的瀑布、摩天大楼，以及竖直线形组成的其他画面（图 7-3）。垂直式构图在使用时，要注意主体与画面顶部边缘线的空间处理，当主体和画面顶部边缘线存在一定的距离时，可使主体产生升腾之感；若主体触到画面顶部边缘线，就会产生下坠感。我们要根据自己的创作意图来安排主体和画面顶部边缘线的关系。

图 7-3 垂直式构图

四、框架式构图

框架式构图是一种非常有趣的构图形式，摄影者根据拍摄现场的条件，通过摄影镜头的选择，使用具有框架形式的前景将被摄主体框起来。这样的框架除了能增加画面的纵深感和装饰效果外，还可以提供与画面主题相关的信息，如事件发生的时间、地点等，帮助观者了解摄影者的拍摄意图，更重要的是使画面的主体更加突出，视觉中心更加鲜明（图 7-4）。

图 7-4　框架式构图

五、三角式构图

三角式构图是最基本、最常见的构图形式，可使画面获得牢固、安稳、结实的效果，给人一种雄伟高阔和稳定的感觉（图 7-5）。如古埃及的金字塔，就是典型的三角式构图，将建筑的坚固、稳重和权势表现得很到位。

在三个视觉中心放置景物或以三点成一面的几何形式安排景物的位置，可形成一个稳定的三角形。这种三角形可以是正三角形，也可以是斜三角形或倒三角形。其中斜三角形较为常用，也较为灵活。正三角形有安定感，逆三角形则具有不安定的动感效果。

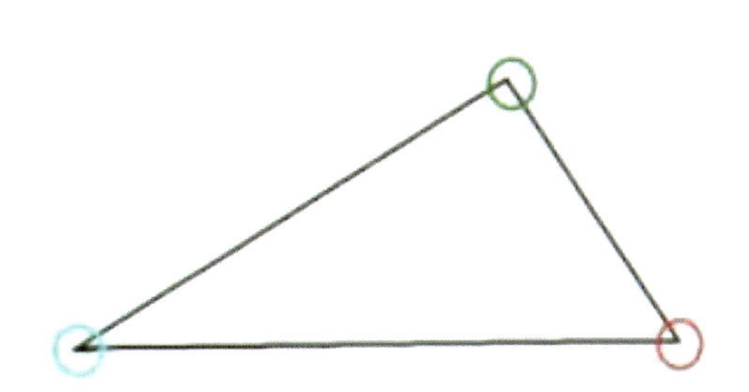

图 7-5　三角式构图

六、对角线构图

把主体安排在对角线上，能有效利用画面对角线的长度，使陪体与主体发生直接关系，画面生动活泼，富于动感，同时根据线条的汇聚趋势，吸引人的视线，达到突出主体的作用(图 7-6)。

对角线可以是很明显地伸向画面中的两个对角的线条，让观者真实感受到线条的延伸趋向，但有时也可能是无形的线条，如画面左下角的人仰视画面右上角的物体，就会感觉主体和陪体之间有一条无形的对角线，使两者产生某种呼应关系。

图 7-6 对角线构图

七、S 形构图

S 形曲线是最常见也最优雅的线条，有一种流动的美感，给人一种意趣无穷的节奏感，它可以起到美化和丰富画面的作用(图 7-7)。把主体安排在 S 形曲线合适的位置上，可以利用 S 形线条的视觉引导作用突出主体。

图 7-7 S 形构图

八、放射式构图

放射式构图具有强烈的扩张性、爆发力和动感，使得画面具有丰富的形式变化。若把主体置于中心，利用四周景物朝中心集中的特点，就可以很自然地将视线引向主体，具有突出主体的鲜明作用，但有时也会给人一种压迫中心、局促沉重的感觉（图 7-8）。

图 7-8　放射式构图

九、对称式构图

对称式结构具有平衡、稳定、相对的特点，缺点是呆板、缺少变化，常用于表现对称的物体、建筑、特殊风格的物体（图 7-9）。

图 7-9　对称式构图

十、开放式构图

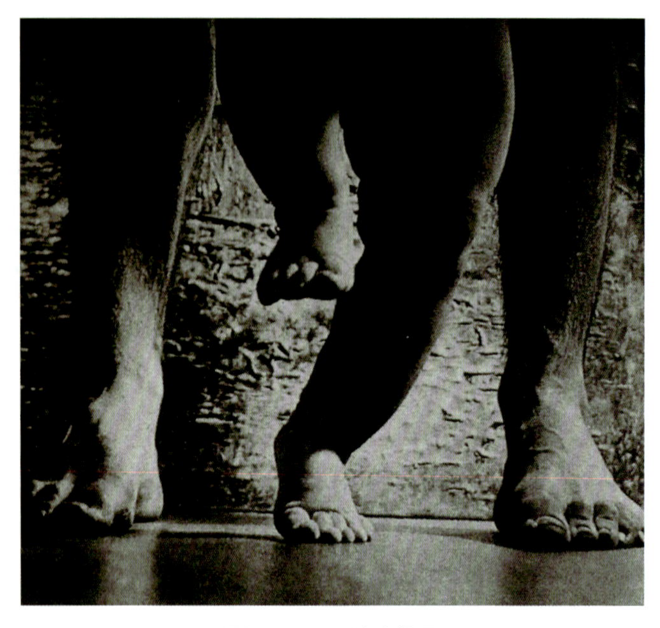

图 7-10 开放式构图

开放式构图是与传统的封闭式构图相对的一种构图形式，封闭式构图的取景框内的景物具有相对的独立性，各元素分布协调，画面具有向内的吸引力，作者的主题思想明确，叙事完整。而开放式构图的取景框内的景物具有强烈的外向性张力，画面中的一些元素以不完整的形式出现，将人们的视线引向画面以外，传递着更多的信息。

开放式构图是一种很大胆的构图形式，画面暗示性强，意犹未尽，会极大地调动观者的参与性，给观者留下丰富的想象空间（图 7-10）。

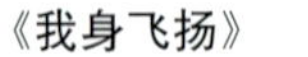

《我身飞扬》

《夕阳余晖》

《新家》

《一棵树的遗愿》

复习题

1. 摄影构图的定义与基本原则是什么？
2. 摄影构图的基本要求有哪些？
3. 常见的摄影构图方式有哪些？请详细说明各自的特点。

实训项目

1. 利用九宫格构图拍摄花卉景物 3 张。
2. 利用水平式构图、对称式构图拍摄建筑内外景各 2 张。
3. 利用 S 形构图拍摄公路、公园曲径小路各 3 张。

CHAPTER EIGHT

第八章 数码摄影后期基本制作技巧

影像的基本调整是数码影像后期制作的第一步，也是最基础的一步，主要包括图像的剪裁与构图调整、影调与色彩的调整、影像清晰度与反差的调整、蒙尘与划痕的修缮等。下面以 Photoshop 软件为例，讲述数码影像后期基本制作技巧。

《悠悠古丝路》

《宇宙 · 云眼》

《遇见》

第一节 尺寸与构图调整

一、尺寸调整

要把数码相机拍摄的照片输出为规定尺寸的照片，就要在图像处理软件中修改图像的尺寸和分辨率。首先在 Photoshop 软件中打开需要调整大小的照片，执行“图像”→“图像大小”命令（图 8-1）。

图 8-1　图片大小效果设置

在“图像大小”对话框中，根据要求输入各个参数，对图片的宽度和高度进行设定，也可以参照标准照片尺寸表，进行精确输入。在设置分辨率时，一般用于屏幕显示的照片或者网上传送的图片，可以设为72dpi，如果用于印刷或者高品质打印，需要设置为300dpi或者更高。

一般情况下需要勾选“约束比例”复选框，这样在改变照片尺寸时，不会造成照片变形。

二、构图调整

在拍摄过程中，由于各种原因，构图总是会有一些缺陷，这时就需要用到Photoshop软件的“裁切工具”进行调整（图8-2）。

打开一张构图欠缺的照片，执行“图像”→“裁切”命令，或者直接从工具箱中选择“裁切工具”，在构图欠缺的照片上进行框取，可随意移动框取的范围。配合鼠标左键将裁切范围调整合适，然后确认裁切，裁切效果如图8-3所示。此图将不需要的背景部分裁切掉，画面主体更突出，效果更佳。

图8-2 构图调整

图8-3 裁切效果

第二节 曝光与色彩调整

一、曝光调整

通常因相机设备不够精良或者是曝光计算失误等因素，拍出的照片会出现曝光不足或者曝光过度的情况，在这种情况下，我们可以用Photoshop软件进行曝光纠正。

用 Photoshop 软件调整曝光的方法很多，最直接的就是用“自动对比度”和“自动色阶”命令来调整。但是要想获得高品质的影像，我们一般需要手动进行调整。有三种常用的手动纠正曝光失误的方法：一是“亮度 / 对比度”调整（图 8-4）；二是“色阶”调整（图 8-5），三是“曲线”调整（图 8-6）。调整后的效果如图 8-7 所示。对于三种调整曝光的方式，我们可以选择其中的一种，也可以选择其中的两种，最好是三种一起使用，这样调整出来的照片效果会更理想。

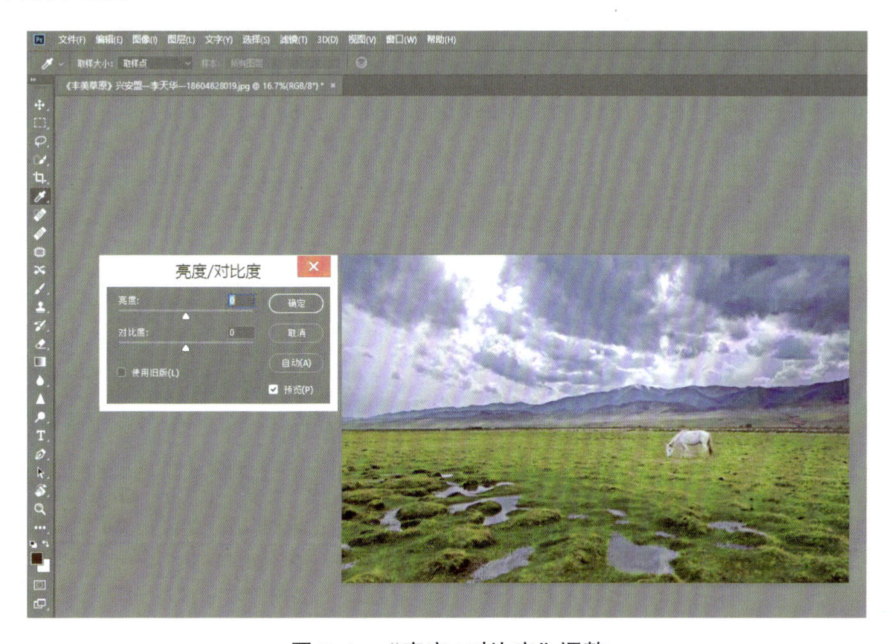

图 8-4　“亮度 / 对比度”调整

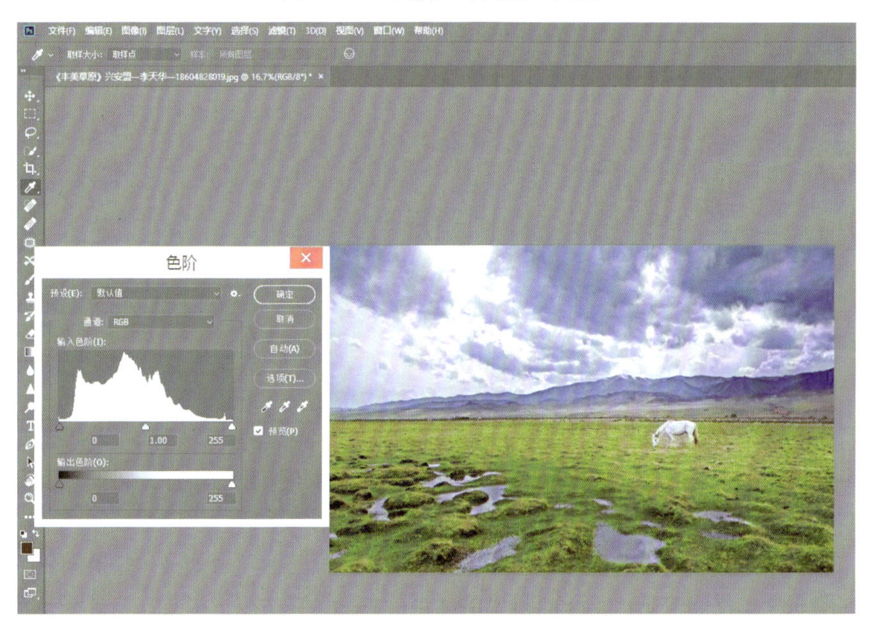

图 8-5　“色阶”调整

图 8-6 “曲线”调整

图 8-7 曝光调整后的效果

二、色彩调整

Photoshop 软件提供了很多调整照片色彩的方法，对于一般的照片，我们可以通过“自动颜色”命令来实现，对于有高质量色彩要求的照片，则需要通过手动调整色彩来实现。常用的有“色彩平衡”命令、“色彩饱和度”命令、“匹配颜色”命令、“替换颜色”命令、通道等。图 8-9 就是通过 Photoshop 软件的强大的色彩调整功能，将图 8-8 这张毫无生气的图片处理成了一张充满意境的佳作。

图 8-8　Photoshop 软件处理前效果

图 8-9　Photoshop 软件处理后效果

第三节　降噪、除尘与锐化

一、降噪处理

用数码相机拍出的照片许多时候都有噪点。比如相机在像素低、光线不好的情况下拍摄，噪点就很严重；感光度设置得过高或者是扫描时有错误的信息等也会出现噪点现象。因而对有噪点的数码照片进行后期处理就显得非常必要了。市面上有很多的专门除噪软件，如 Neat Image Pro 就是一款功能强大的专业图片降噪软件。当然，利用 Photoshop 软件的降噪功能也能有效地去除噪点。

可通过执行“滤镜”→“杂色”→“去斑”命令，再执行“滤镜”→“杂色”→“蒙尘与划痕”命令，调节“半径”和“阈值”滑块降噪。通常半径值 1 像素即可；阈值可以对去噪后画面的色调进行调整，将画质损失降到最低。仔细调整参数，反复对比画质变化效果。设置完成后单击“确定”按钮即可。如果想达到更好的降噪效果，就需要用到“滤镜”→“高斯模糊”命令来做调整了。

图 8-10 是使用 Photoshop 软件的降噪工具处理后的效果，比那张噪点很大的图片（图 8-11）效果要好些。

图 8-10　降噪处理后的效果

图 8-11　降噪处理前的效果

二、除尘处理

由于背景脏乱或者是因为数码相机感光元件上染有灰尘，拍摄出来的照片往往需要做一些除尘处理，以使画面显得纯净美观。打开需要除尘的照片，然后选择“仿制图章工具”，调整笔刷的主直径和硬度到合适的参数（图 8-12），在“模式”下拉菜单中选取需要的模式，然后按 Alt 键选取邻近的干净色，再单击尘点处进行填补。在操作过程中，注意随时调整笔刷的大小。

在使用“仿制图章工具”修图时，常配合着“修补工具”一起使用（图 8-13）。

图 8-12　调整除尘参数

图 8-13　“仿制图章工具”配合“修补工具”使用

“修补工具”也是很好用的去除灰尘、杂点的工具。在使用此工具时，首先要在此工具属性栏选择“新选区”（下图红色标识区），然后在修补的范围一栏勾选“源”单选按钮（图 8-14）。

图 8-14　勾选“源”单选按钮

用“修补工具”将带有灰尘的部分选中，然后用鼠标拖动选取到邻近干净的区域，释放鼠标，此时带有灰尘的部分会自动和周围的干净区域融合。运用这个工具的好处是方便快捷，而且过渡自然，看不出修补的痕迹。

图 8-15 是用“仿制图章工具”配合“修补工具”，对原图片进行除尘处理后的成果。

图 8-15　除尘后的成果图

三、锐化处理

Photoshop 软件中有一个锐化的功能，此功能可以让一张原本看上去虚掉的照片变得清晰起来。

首先打开一张需要锐化处理的图片，然后将图片转换为 Lab 颜色模式。之所以将图片改成这种模式，是因为在锐化处理的过程中，会降低图片的色彩饱和度，使用此模式可以减少色彩的损失，再执行“滤镜”→“锐化”→“USM 锐化”命令，进行必要的参数设置（图 8-16），在达到满意的效果时，将图片模式转换为 RGB 颜色模式。

从这张花的作品中可以明显地感觉到整个画面没有一个清晰的点，而使用“锐化工具”进行调整以后，可以看到图片变得清晰起来（图 8-17），不得不赞叹 Photoshop 软件的神奇功能。

图 8-16 设置锐化参数

图 8-17 锐化调整后的效果

第四节 背景虚化处理

有时候你会觉得一张图片的主体和背景同样清晰会妨碍主体的表现，那么不妨将背景虚化以突出主体。下面用 Photoshop 软件里的“钢笔工具”先对主体进行选中，按 Ctrl+Enter 组合键变成选区，然后进行反选（图 8-18）。

选好以后，执行“滤镜”→“模糊”→“高斯模糊”命令（图 8-19）。根据自己的需要在“高斯模糊”对话框中设置好半径值。当然，在设置半径值的过程中，我们可以通过预览窗口看到背景模糊的程度，如果觉得可以了，单击“确定”按钮（图 8-20）。

图 8-18　用“钢笔工具”选中主体并进行反选

图 8-19　执行“滤镜”→“模糊”→“高斯模糊”命令

图 8-20 背景虚化效果图

复习题

1. 如何更改图片的尺寸?
2. 什么是二次构图?如何进行二次构图?
3. 调整曝光常用的方法有哪几种?
4. 如何对画面进行色彩调整?常用的方法有哪些?
5. 如何进行降噪、除尘处理?
6. 锐化的目的是什么?如何进行锐化?
7. 制作背景虚化效果要用到哪些命令?

实训项目

选择自己平时拍摄的照片进行构图、调色、锐化、背景虚化处理。

CHAPTER NINE

第九章 摄影作品赏析

赏析摄影图片时，可以从多方面考虑，比如框架、角度、画幅比例、主体、前景、后景、均衡度等。只有深入分析每一个细节，全方位考虑，才能理解图片的内涵。

第一节 大师眼中的摄影

摄影术让人们按下快门就可以记录周遭的一切(图 9-1)，虽然从科学角度来看这些不过是简单的电子、化学记录过程，然而这些都不能说明摄影的本质。本书收集了一些近现代国内外摄影大师对摄影的理解和解释。

图 9-1　摄影——记录周遭的一切

◆ 摄影是一个短暂的创造性时刻，你的双眼要注意构图或是情感表现，你需要凭直觉按下快门，这就是摄影师创作的瞬间。当你错过这一瞬间，它就永远消失了。

◆ 摄影是观察的艺术，在平凡的地方找到有趣之处。对于所见之物，可以做的事情很少，可以观察的方式却有很多。

◆ 摄影带给我们一些什么呢？是一口新鲜空气、一股强烈的现实味道，它给予事物的几乎是一种实体的表现，是确实的和真理的无法定义的符号，摄影完全更新了人和宇宙的关系。

◆ 世界上没有任何事情没有其决定性的一瞬间。在几分之一秒的时间里，在认识事件意义的同时，又给予事件本身以适当的完美的结构形式。

◆ 摄影表现的性质可以用一个球体来作比喻。这个球体的一极是“主观”，另一极是“客观”，而摄影家则是一个旅行者，穿行于主观与客观这两极间的艰难旅行中，只要需要，摄影家就可以在任何地点停下脚步，去开拓未知的领域。

◆ 对于伟大的摄影作品，重要的是情深，而不是景深。

◆ 摄影只靠观察是不足够的，你需要去感受你所拍摄的对象。

◆ 摄影是一个工具，用来处理大家都知道但视而不见的事物。照片是要表现你看不见的事物。

◆ 只有好照片，没有好照片的准则。

◆ 在拍摄当时，都不过是从非个人化的兴趣出发抓拍了自己的生活空间，但是过了时间以后再看，会发现摄影家也同样是“时代之子”。

◆ 有光即可摄影。

◆ 与其拍摄一个东西，不如拍摄一个意念；与其拍摄一个意念，不如拍摄一个幻梦。

◆ 你的照片拍的不够好，是因为你离被摄体不够近。

◆ 观察身边环境与自身，并不是为个人利益，而是与生俱来的探求，并且是拍摄的理由与动力。

◆ 一个真正的摄影师像真正的诗人或真正的画家那样少见。

◆ 一张好照片，就像一条好的猎犬，默不作声，但又意味深长。

◆ 拿照相机，就是我的生活。

◆ 照相机是一个教具，教给人们在没有相机时，如何看世界。

◆ 我们不是用相机在拍摄，而是用我们的心与头脑。

◆ 好照片就是我可以和它一起生活的照片，就像和某种音乐或某个人一起生活一样。

◆ 相机是双眼的延伸。

◆ 如果一张人像，不能体现人物内心深处，那它不是一张真实的肖像，只是一张空洞的画像。

◆ 一种艺术媒介能像摄影那样表现得十足肖妙自然，精确逼真，一成不变。

◆ 尽管我们有文学、有音乐，但摄影是唯一让时间停止的方式。

◆ 肖像摄影比所知更为深刻，所用媒介的局限在于内心仅仅在外表看起来明显时才可被记录。

第二节 摄影作品赏析的方法

一、摄影作品赏析的角度

用光：该幅作品中采用的是什么光，自然光还是灯光？是顺光、逆光、顶光、底光还是侧光、侧逆光？作者这样用光的目的是什么？效果是什么？

构图：根据作品构图具体分析，为什么用这种构图？分析是九宫格构图、对角线构图、三角式构图、对称式构图还是开放式构图等。

影调：分析整张照片的色调，是冷色还是暖色，传达了怎样的感情和气氛。

景别：特写、近景、中景、全景、远景，作者采取的是哪种景别拍摄？为什么这么拍？

主题内涵：这是一幅作品中最重要的，要分析这张照片表达了怎样的思想情感，或是艺术理念甚至它的社会意义。

二、摄影作品赏析的要素

（1）拍摄位置的选择。包括角度（平视、仰视、俯视）、方位（正面、侧面、背面）、景别（特写、近景、中景、远景、全景）。

（2）光线的选择。包括正面光、侧面光、逆光等，光源的性质（散射光、直射光）。

（3）光线对被摄体的表现和画面气氛，以及两者之间配合的效果产生的影响如何。

（4）对比的运用。对比包括形体对比（大小对比、虚实对比、疏密对比、动静对比、曲直对比、远近对比）、影调对比（明暗对比、面积对比）、色彩对比（冷暖色对比、同类色对比、互补色对比）。

（5）影调的选择。影调包括高调、低调、中间调、高反差的对比调。要赏析影调的选择对画面中主体立体感、质感和空间深度感的影响是否恰到好处。

（6）影调和色调的应用对控制画面气氛与突出主体的意义。

（7）环境的色彩是否促成了画面色彩的和谐统一。

（8）表现的现实对象有哪些体现出了时代特点。

（9）摄影画面结构中主体和趣味中心是否突出。主体是摄影造型的主要对象，是作者表达主题思想、反映情感态度的中心。对主体处理得恰当与否直接影响图像信息的传达。

（10）画面瞬间性的把握。

（11）隐喻。摄影作品给人以联想或想象的艺术语言，包括寓意与象征性的语言。例如，摄影作品《升》寓意改革开放后深圳现代化建设突飞猛进的步伐，表现出现代化建设的豪迈气派和高大形象。《东方红》则表现旭日东升和瑰丽的彩霞，寓意新中国生命力旺盛，把天安门化作新中国的象征。

三、摄影作品优劣的鉴别

第一，构图要美，要新颖。一幅好的照片，首先吸引人目光的一定是它的构图。好的构图不会沿袭别人的手法，应该是有个性的、独特的。它所反映的主题应该突出，不呆板。

第二，对于彩色照片，应该色彩丰富、鲜艳、冷暖搭配得当；黑白照片则应该对比明显、柔和。

第三，主题突出。每一幅照片都有它的主题和主体，不是主体的部分都应该虚掉或淡化。背景要干净，不能喧宾夺主。要避免包罗万象，什么都照下来，结果什么都没突出。

第四，要有时代感染力。一幅好的照片出现在你的面前，应该使你感到非常震撼。它反映的画面不仅要有时代气息，而且要有个性。

第五，光源运用恰当。逆光、侧光、顺光、顶光、底光、自然光、反射光等光源，如果运用得当，就能反映主体和整个画面的内容。一般来讲，一幅好照片，运用逆光和侧光的比较多。除非是纪实性的新闻照片或艺术照片，否则顺光是很难出好效果的。

第六，照片的层次要丰富、分明。近景、中景、远景都要清晰明朗。

第七，关于广告照片，主题要突出，色彩要鲜明夺目。可以运用夸张、虚构等手法增强号召力。简单明了、幽默、寓意丰富、大众化、独特、有个性，这些都是广告照片的要素。

第八，要处理好照片的特殊效果，如黑白效果、油画效果、水彩画效果、版画效果、雕塑效果、条纹效果、水纹效果等。这样，照片就有了特殊的美术效果。

第三节 摄影作品赏析实例

一、《放飞时刻》

一组完美照片的拍摄不仅需要完美的相机，还需要完美的照相技术。什么样的技术才会拍出更好的照片，才能让大家喜欢并且从中学到很多东西呢？拍摄出一幅好照片，需要了解很多拍摄技巧及照片处理方法。

《放飞时刻》摄于浙江前童古镇（图 9-2）。从照片中可以看出，两个夕阳下归家的孩童，神情雀跃，飞奔的脚步，刹那间喷射出欢快、纯真的童趣，反映出作者心中对乡间生活的体悟。孩子的童真往往只是一瞬，但这些瞬间记忆却通过相片被人们永远记住了。

图 9-2 《放飞时刻》

下面就《放飞时刻》从摄影的角度进行分析。

1. 构图

构图和框架能够凸显照片中人物的一些细小的方面，比如说美感或个人性格。

拍摄者选择近照及瞬间捕捉孩子的面部表情。照片中的孩子眼睛的明亮度说明了孩子的内心世界是欢乐的，孩子跑步的姿势、肩上的背包、红领巾飘起的瞬间，都体现了孩子的快乐。

2. 环境

照片中，孩子在阳光下奔跑，地面反射出来的阳光及孩子的影子充分反映了孩子的内心像阳光一样温暖。照片选取的是近景及瞬间捕捉，所以在孩子奔跑的一刻，我们看到了孩子们的学校及墙壁上隐约的字眼。古老的建筑是一种文化的象征，也是这些孩子们生活在古镇的写真。

3. 布光

不论是在你自己创造出的拍摄背景还是在你周围找到的背景中，灯光、阴影能为你的拍摄对象制造出适当的情绪和存在感，同时也能将人们吸引到人物的身体特征上去。适宜的灯光会使胖人看起来瘦一点，而精心布置的阴影能够隐藏让拍摄对象感到不安的瑕疵。

照片中的布光有以下特点：

选择了大自然的光照，阳光的反衬显示了一种很自然的环境，也使得孩子们的表情与之相称。

照片中没有任何灯光附加修饰，也没有任何颜色的光加以美化，大自然的灯光中又衬托出一种柔和美，在柔和美中又隐藏着古典美。

照片的整体光线给人以温暖美。

4. 摄影方向

拍摄方向是指以被摄对象为中心，在同一水平面上围绕被摄对象四周选择摄影点。在拍摄距离和拍摄高度不变的条件下，不同的拍摄方向可展现被摄对象不同的侧面形象，以及主体与陪体、主体与环境的不同组合关系变化。

照片中的背景主要是正面角度。正面角度主要是表现对象多处在画面的中心分割线上，常是对称的结构形式，一般说来，正面的构图形象比较端庄、稳重。因此照片给人以古典之感。人物形象主要是斜侧角度，给人一种放飞的感觉，更能凸显主题。

5. 拍摄景别

照片中对于人物的拍摄采取的是全景拍摄，更能衬托和渲染照片的氛围，准确地表现出人物的特征及性格。背景采取了近景，在近景中又看到了远处的景，给人以与众不同的美。

6. 特写

整幅照片中，突出了孩子的面部表情及孩子奔跑的动作，在一瞬间一气呵成，给人以强烈、集中、突出的印象，强烈地刺激了人的视觉效果。孩子的面部表情在一定程度上体现了孩子的性格——活泼、开朗，揭示了孩子们此时此刻的心情——开心、快乐。孩子们奔跑的时刻，是孩子们放飞的时刻，也是孩子们的梦想时刻。

7. 色彩

照片中的背景色彩主要是灰色，没有进行任何色彩装饰和改变。灰色更能显示一种古典的气质美，符合古代建筑的特点和风格，同时也符合大众的审美风格。照片中孩子的服装也是自然而然的美，没有任何修饰，红领巾的红色是希望，孩子们普通的服装也是孩子们自然的写照，更能显示生活的朴素与美好。

摄影的魅力在于摄影家对景象、人物、事件的瞬间把握。角度、神态、光线，都是构成一幅佳作的要素。这幅照片中，古典建筑与人物紧密、默契配合，相互映衬，在古典景中凸显了人物的魅力，展示了孩子们的美好生活。

总之，这幅作品不论是布局构图还是颜色设计、背景设计，都符合了大众的审美观，也准确地凸显了照片的主题。照片所体现的和谐美、幸福美、设计美都给人以舒服感。

二、《一缕阳光》

《一缕阳光》是一幅生活题材的人文纪实作品（图 9-3）。画面中，一个小孩子站在走廊一端的窗口，一缕阳光从窗口射入，照亮了小孩子的眼睛。他身后的走廊也因为光线的照射，明暗交错着。这是一幅很美好的生活场景，小孩子面带微笑。他向往阳光，向往美好的生活。

图 9-3　《一缕阳光》

作者拍摄时，采用了经典的黄金分割构图法，把画面主体（小孩子）放在了右侧的黄金分割线位置。这不仅仅可以使画面吸引观者的注意，也更突出了趣味中心。另外，这幅作品也运用了开放式构图。画面中，小孩子的目光指向画面外，引领着我们不由自主地思考画面外的空间，引发了我们对小孩子内心的思考，带领我们走进他的内心世界。

画面主体突出是这幅作品的亮点，作者采用了较长焦距的镜头拍摄，不仅压缩了空间，提炼了画面的主题，还虚化背景突出了主体。另外，较大光圈的使用，也更加虚化了背景，缩小了景深，进一步起到了突出主体的作用。作品采用了中景景别，焦点控制在小朋友的脸部范围内，保证了主体的细节还原，包括发丝、脸颊皮肤质感等部分，十分生动地刻画了小孩子的神态。

在用光方面，点光源是整张照片的主题和亮点。光线来自右前侧，偏重于侧逆光方向，光线较为硬朗，使得小朋友的脸部十分有立体感。光比适中，使得脸部暗部的细节也比较丰富。而背景中，光景明暗交错变化。画面下半部分处于阴影中，上半部分处于亮部。整体反差较大，画面略显生硬，不过在与主体人物的衔接上恰到好处，使人物的轮廓均匀、明显。摄影师运用了各种手法，突出了主体，技巧过人，效果也十分完美。

作品也运用了黑白影调表现，这是一种简化的效果，黑白灰的过渡勾勒出了一个明确的主题——一缕阳光。阴影是黑色的，过渡是灰色的，阳光照射的部分呈现出高亮的白色。正是这些简单的色彩简化了画面，但细节依旧丰富，这也是这幅照片吸引人的地方。

总的来说，作品内容新颖，对主题的表现十分生动，光线的控制更是恰到好处。主体突出、细节丰富也是照片的亮点。这是一幅堪称优秀的摄影作品。

三、《瞧新娘》

《瞧新娘》是一幅以农村为题材的纪实摄影作品（图 9-4）。画面中，一扇明亮的窗户映入眼帘，上面贴有红色的双喜窗花以及各种剪纸。窗外拥着一群孩子，他们向窗内投着好奇

图 9-4 《瞧新娘》

的目光，神态各异。窗内，两只红色的枕头摆在窗口，好一派热闹喜庆的结婚场景！

作者在拍摄时，大胆运用了窗户的框架结构。在画面中以窗的轮廓，形成框架式构图，把观者的视线都汇集于画面中心，起到了突出、烘托主体的作用，也令观者的眼睛关注这扇窗户，以及窗外的人群。

在画面中，窗口的人群位于画面下部的黄金分割线位置。这不仅使观者的视觉兴趣点集中于此，而且起到了突出主体的作用。画面底部的枕头以及四周的窗框，都是具有戏剧化特点的陪体。他们把人群隔绝在房间之外，营造了一种神秘、好奇的气氛，同样起到了烘托主体的作用。

其实，画面中最吸引人的，也是最精彩的部分要属画面中的主体——一群孩子。他们的目光投向窗内，同时，作者在取景时位于窗内，这带给观者更多开放的思维。这群孩子各异的神态，也许会让我们联想到许多。比如，窗内到底发生着什么？新娘在哪儿？新娘好看吗？作者利用了开放式构图，充分展示了作品主题的具体内容。

在创作时，作者运用了短焦距的广角镜头，完整地拍下了整个窗框的全景。同时，使得画面具有立体感，透视关系明显，表现效果显著。景深的范围也比较大，包括枕头、窗框以及人群，都完完整整、清清楚楚地展现在观者面前。整体上细节丰富，内容充实，作品整体布局合理，十分精彩。

在用光方面，光源来自窗外直射的阳光。较硬的侧逆光来自画面的左侧。光线直射入窗户，使得窗户的框架在窗台位置形成明显的投影。作者在曝光测定时，为了保证主体人物的曝光正确，选择测定人物脸部的曝光数据，使得人物细节丰富、质感细腻。但窗口部分曝光过度，暗部曝光不足，使得影调偏硬，明暗反差较大，但明暗对比也简化了画面，同样起到了突出主体的作用。在色彩上，这幅作品色彩变化多样，带有强烈的暖调，红色的双喜字、温暖的阳光，都营造了一种欢乐、温暖的场面，为渲染主题气氛做出了贡献。

在拍摄这幅作品的时候，作者的创意也可圈可点。为了表现主题，他通过对围观人群的刻画，从侧面描述了一个隆重、喜庆的结婚场面，使得画面充满趣味，又不失喜庆的韵味。

总体而言，整幅作品完整地表达了瞧新娘的情景，喜庆的气氛也洋溢其中。画面布局合理，构图开放大胆，构思巧妙，曝光合理，生动地表现了农村结婚喜悦的场景和气氛，表现了农村的美，是一幅精彩的作品。

四、《瞧》

童年的好奇，每个人都会经历，它在小孩子的身上展示得很明显，每一个人都有美好的童年，童年里的憧憬，渴望之中存在的好奇，好奇下存在着纯洁与天真。只有未经世事的儿童才能将纯洁与天真表现得真实，才能去释放美好而感人的天性。

《瞧》是一张儿童摄影照片（图 9-5），摄影师通过小女孩露的四分之一脸面，主要突出小女孩那天真无邪、精灵而又羞涩的眼神，微微上翘的嘴角，让读者深深地陷入照片之中，有想身临其境的冲动。人们仿佛回到了自己的童年，看见了什么东西把自己吸引。天真、好奇在每个人的童年时代表现得最直接、真实。有谁能让它们不随着时间的流逝、年龄的增长而黯然？摄影师用小女孩的眼神、表情、动作以及特殊的取景方式向人们展示着童年的情趣，使观者看到自己的童年，回到天真活泼自由自在的日子，告诉人们要保留天性，释放天性。

这是一张非常成功、非常感人的照片，照片内容简单明了，它就发生在我们身边，随处可见，但很少有人去注意，因为随处可见而被忽视。这张照片的思想深度就存在于平常生活中，让我们看了照片之后去深思、去体验。摄影师使用比较小的景深，虚化了前景和背景，使主人公小女孩在画面当中是实体的存在，直接突出了画面的视觉中心，使观者一眼明了摄影师要表达的主题。

图 9-5 《瞧》

照片的开放式构图，更适合现在人们的思维方式，看画面不只是看表面的东西，而是被照片中的眼神所吸引，思维发散了出去。远距离的拍摄，使用长焦镜头压缩了空间距离感，前景和背景得到一定的虚化，使画面显得干净不杂乱。平拍，画面没有太大的视觉冲击力，但是画面更显得平易近人，更能接近现代生活，告诉我们好的题材就发生在我们身边。好奇、天真的眼神，把童年的天性充分地表现出来——她在看什么，什么东西吸引住了她，使她不好意思，羞涩地躲在竹子后面目不转睛地望着？观者在看她的同时也被她所看的东西所吸引，使人充满想象。

摄影大师刘半农说过："光是画的灵魂，线是画的骨子。"是啊，没有光就没有摄影，摄影对光的依赖是与生俱来的。摄影的魅力，在很大程度上也就是光线所表现的魅力。在照片中，摄影师采用自然光，画面显得十分自然、舒适。整体的暖色调使画面显得温暖，童年里的东西是美好的回忆，应该把它装饰出温暖的味道。

摄影师通过小女孩的童年，向我们展示了童年是一支婉转悠扬的短笛，奏出了多少纯洁美好的幻想，它让我们充满好奇地去看这个缤纷的世界，保持童年的天性。

五、《明眸》

《明眸》是一幅很有特色的照片（图 9-6），画面上是一个用布围住头部的女孩，她只露出一双眼睛和上半个鼻子。但正是这双眼睛，透出了撼人心魄的眼光。

作品的趣味中心，就是她的两只眼睛。观者只看一眼，就好像被她看到了内心世界，完全暴露在她的眼前。她的眼神让你无法拒绝，那逼视的眼神好似无时无刻不在看着你。这就是它强烈的艺术感染力。

作品的构思很奇特。画面上，只有露出的眼睛、眉毛，其余的通通不表现。这就使画面更简练，不会分散观者的注意力。作者只让她露出两只眼睛，除对生活的感触外，还有较好的造型手段。在整幅作品中，观者能与之交流的只有这两只眼睛。它是感情交流的桥梁，产生了强烈的震撼力。

图 9-6 《明眸》

作品的影调是低调。画面上，深色调占了三分之一，高调只在左边的上下两角，这就产生了强烈的对比。在深色调中，并不是一深到底，而是闪烁出两只逼视的眼睛，这就使眼光亮度在深色调中脱颖而出。当然，这幅作品的用光并非十全十美，右耳处有一丝线光，它削弱了眼光，与整个画面明显不协调。如果把这丝线光处理得暗一点，眼光的感染力就会更强。

作品的光线是适度的。作者运用了左侧光来表现被摄体，使画面产生了对比，并且有一定的空间透视感。布在这种侧光下产生了一定的质感，女性脸的肤色感很真实。但被摄入的右耳边处的光线显然过多。

这幅照片的景别是特写。想要把一个人的眼神淋漓尽致地表现出来，运用特写镜头是最合适的。整幅作品虽然看不到她的面部表情，但可以从那两只逼视的眼睛看出情感，这就为作品增添了想象力。

这幅作品表现的对象是人。作者在人像摄影中做到“以形写神，神形兼备”，作者之情和观者之情密切配合，达到内在真实和外在真实的统一。摄影以现实生活和景物作为表现对象，只有对事物进行细致的观察和深切的感受，从司空见惯的东西中发现不平常的美，才能激起人们的感情，陶冶人们的情操，启迪人们对生活的认识，才有审美价值。这幅作品正是把人类隐藏的感情通过拍摄表现在观者面前，与观者产生直接交流。

总之，《明眸》的构思、创意、造型手段都值得学习，值得借鉴。

六、《上海外滩》

1998 年，54 岁的塞巴斯提奥 · 萨尔加多为完成其“人类家庭的迁移”摄影专题，到上海进行了为期 26 天的摄影采访。

上海有着漫长而丰富的移民历史。从中世纪的西方传教士，到鸦片战争时期的殖民者，从第二次世界大战时期的犹太难民，到如今从世界各地蜂拥而来的淘金者，以及近几十年来大批背井离乡前来谋求更好生活的外来打工者……在这片人口频繁流动、充满经济活力的土地上，无时不在上演移民者的故事。

出生于巴西的萨尔加多自己就是一名移民者。他说这个摄影专题的意图是声援并且引起人们的争论，呼吁改善世界各地移民的生存状况。

这张拍摄于上海外滩的全景照片展现了一个别样的外滩（图 9-7）。作者采用了较高的拍摄点及微俯的视角，以广角镜头将外滩两岸做了一个全景式的展示。前景以画面四分之一的篇幅展现了浦江西岸的人工景观以及来去的行人。 画面的主体是占画面四分之一的带状黄浦江以及上海标志性建筑——东方明珠电视塔。后景是浦东陆家嘴金融开发区鳞次栉比的现代建筑若隐若现交相辉映。全景式的构图交代了外滩的地理环境，展示了当代上海的城市风貌。

图 9-7 《上海外滩》

照片采用了中高位逆光拍摄，使东方明珠电视塔及与其处于同一空间纬度上的建筑，以及前景中的灌木和行人呈现剪影的效果。东方明珠电视塔斜长的投影映衬在反光的江面上，形成柔和细腻的影调对比。前景中行人及其倒影与光带般的路面亦形成影调上的对比。通过逆光和空气中浮尘的折射作用，后景中浓淡相宜的建筑呈现出强烈的影调透视，增强了空间透视感和纵深感，建筑的近大远小所形成的线条透视也加强了空间感和立体感。主体黄浦江和东方明珠电视塔作为背景，形象十分突出。

作品整体呈低调，渲染出某种历史沧桑感和厚重感，同时前景中来往的行人又给作品平添了几分动态和活力。应该说，这幅作品是以老上海的情愫诠释当代上海，浸润着萨尔加多对这个拥有久远移民历史的城市的个人理解。

七、《乌干达干旱的恶果》

1980 年 4 月，美国摄影家迈克・韦尔斯跟随一个救济组织，到乌干达东北部调查大旱造成的灾难。在卡拉莫家地区一座天主教堂的门口，一群灾民正在等待教堂发放食品，神父把孩子的手放在自己的手中，对韦尔斯说："我们所发放的一点点救济粮，起不了多大作用，远远不够。" 韦尔斯立即拍下了这幅照片（图 9-8）。

照片以人体局部的手为特写画面，运用衬托的方法让白色成年人的手在黑人孩子的小手下形成画框，具有尺度一样的准确性，表现乌干达干旱的恶果：灾区孩子瘦骨嶙峋。孩子瘦弱的小手在黑白色调的对比下，突出地表现在画面上，主题鲜明，令人触目惊心。

这张具有代表性的照片及一系列反映干旱灾难的报道发表后，在全世界引起了巨大反响，世界各地的人道主义救援物资源源而来，抵达乌干达，因此拯救了千百万乌干达灾区人民的生命。这张深刻反映现实的照片，它的震撼力和说服力远远超过文字语言的表达，它冲破了不同文化的隔膜，唤起人们普遍的良知，使人们纷纷伸出了救援之手。这张照片在当年世界新闻摄影的评选中获得金奖。

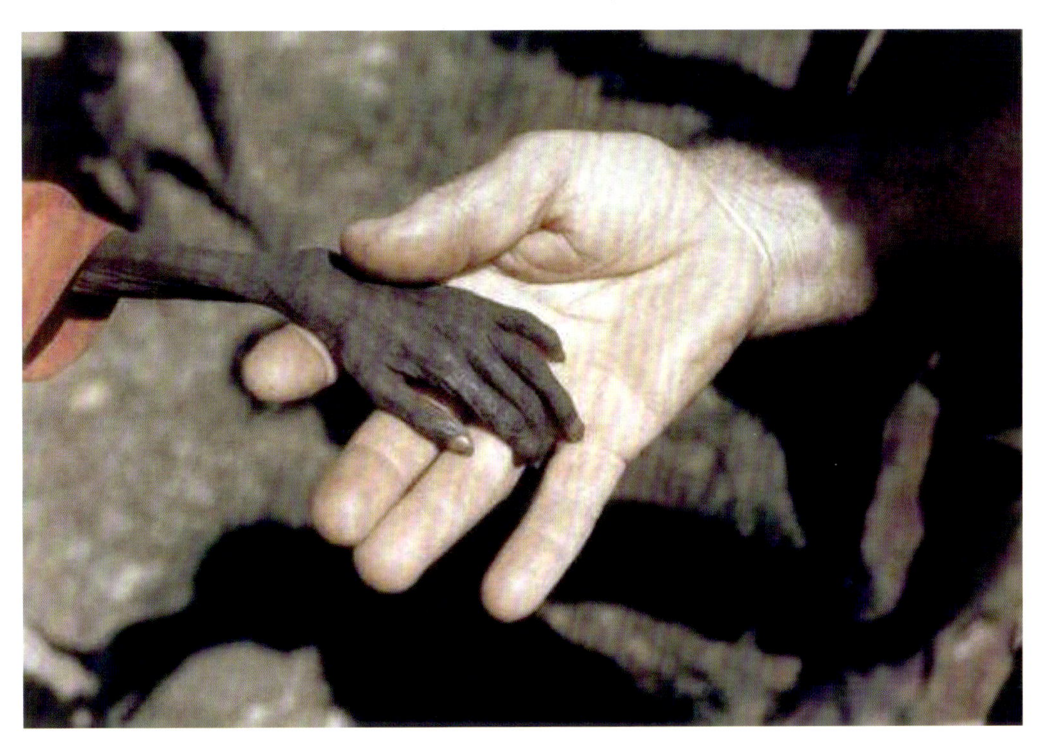

图 9-8 《乌干达干旱的恶果》

八、《大眼睛》

解海龙的这幅作品《大眼睛》（图 9-9）是希望工程的标志性图片。这张照片取景于一个小女孩（苏明娟）那一双美丽的大眼睛，在这双眼睛里，透出一股明亮而透彻的眼神光，直视画面之外的镜头，仿佛是要告诉所有人自己对知识的渴望。

图 9-9 《大眼睛》

在该作品中，作者利用长焦镜头进行拍摄，以还原人物形象的真实自然。更重要的是，它有视角小的特点，而视角小同样将读者的视线无可挑剔地推向了被摄主体，为主体的成功塑造和主题的深层体现起到了至关重要的作用。

在拍摄手法上，作者采用近景，从而能表现主题，突出主体。同时，摄影师使用了竖式构图，两者结合，将无关背景最大限度地挤出照片，使小女孩的大眼睛无形中显得更加明亮动人，也使渴望知识热爱学习的精神充斥整幅画面，涌入人心。

平视与纯正面的拍摄高度和角度，使人产生一种平易近人的亲切感，仿佛观者自己此时正身临其境，成功拉近了观者与画面当中小女孩之间的距离，也同样拉近了心与心之间的距离，为观者对画面深层含义的理解做出了不可估量的贡献。

该照片使用黑白拍摄手法，更具解释性与微妙感，并轻松排除了不同色调对于主题表现的分散作用，在表达主题意图上，可谓一举两得。

现场光的恰当应用无疑从另一个侧面反映出了小女孩学习条件的艰苦，在整幅画面中，唯一的光源应该来自屋里的自然光。摄影师选择使用了大光圈，这使摄影师可以在当时现场并不明亮的情况下得以提高一定的快门速度，这对于照片决定性瞬间的捕捉是至关重要的。

这是一张低调照片，光比大，对比强。作者通过光、色、影来表现出人物的性格与特点，使小女孩眼中渴望知识之情更加清晰明确，从而使该作品具有感人的艺术魅力和社会意义，不断刺激着我们，激励着我们，为了心中那燃烧的希望，要付诸行动、努力与汗水。

九、白求恩大夫

《白求恩大夫》是我国著名摄影家吴印咸于 1939 年拍摄的（图 9-10）。他不仅以独特的纪实性和完美的造型手段为这幅作品赢得了长久不衰的生命力，而且为诸多表现白求恩大夫的文艺作品提供了权威的形象资料。1942 年，这幅照片在《晋察冀画报》创刊号首次发表，并在晋察冀抗日根据地部队农村广泛展览，深受群众喜爱，还向延安、重庆及各大解放区发稿，通过来访的外宾带到国外。这幅作品在抗战时期发挥了很大的宣传作用，中华人民共和国成立后在全国各地经常展览、发表，并在国外多种报纸、杂志刊登，在中国人民革命军事博物馆、中国革命历史博物馆、加拿大国家博物馆陈列收藏。

背景：1939 年 10 月 28 日，日寇发动了“冬季大扫荡”，正准备起程回国筹集资金、器材和药品的白求恩大夫毅然决定留下救治伤员。指挥黄山岭作战的日军头目是以杀人魔王著称的阿部规秀。战斗进行得异常残酷。根据白求恩大夫“救护工作务必靠近火线”的原则，

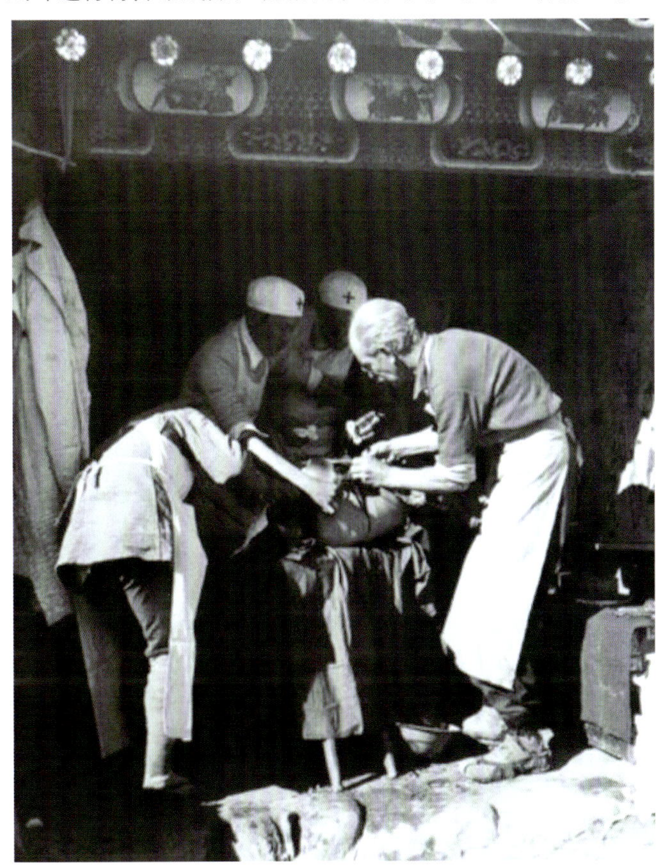

图 9-10 《白求恩大夫》

手术室就安置在离火线只有几里的涞源县孙家庄村外一座小庙里。白求恩大夫身着白色围裙，高卷着袖子，弯着腰，站在自制的“手术台”前，有条不紊地指挥着整个抢救工作，极其认真地为每一个伤员做着手术，连续工作了 30 多个小时。日寇向孙家庄袭来，后山发现大批敌人，情况十分危急。白求恩命令立即转移轻伤员，重伤员就地手术。枪炮声越来越近，破旧的小庙被震得直掉土，大家一再劝白求恩大夫撤离，但白求恩镇定自若，旁若无人，仍聚精会神地做着手术，挽救着一个个战士的生命，直到所有的伤员都做完了手术。作者目睹了这一切，深深地被白求恩这种将个人生死置之度外，崇高的国际主义精神、精益求精的医术，对八路军战士无比深厚的情感，极端严肃认真负责的工作作风所打动，敬佩不已。吴印咸用摄影机和照相机记录了这感人肺腑的场景。作品通过以小庙为现场的富有民族特色的环境，深刻而又令人信服地表现了白求恩为中国人民的解放事业而献身的崇高的国际主义精神，展现了白求恩大夫系着白围裙，穿着草鞋，站在简陋的“手术台”前沉着地为八路军伤员施行急救手术的情形。

作者吴印咸，为了表现这位国际主义、共产主义伟大战士，跟随白求恩在晋察冀前线一段时间，拍摄白求恩在战火纷飞中和中国医生、八路军、人民群众同甘共苦，为八路军将士和老百姓治伤治病的事迹，以及白求恩大夫的高尚品德。吴印咸和白求恩相处的日子里，也建立起了亲密的友情。《白求恩大夫》就是吴印咸与白求恩建立深厚的情谊，为白求恩大夫高尚的品德所感染而拍摄的。作品展示了吴印咸高超的摄影技术和技巧。

这幅作品的成功之处就在于它对画面主体的处理。它从构图、光线、环境动作等方面对主体进行了十分细致的精当的刻画。

（1）画面布局构图。白求恩大夫在画面上的面积和位置处于优越的地位，成为画面的视觉中心，成为支配全局的结构支点。作者所选择的角度对处理主体很有利，白求恩大夫的正侧面对着相机。这个角度能把白求恩大夫的头部、身躯和手所组成的动态线条充分地展现出来，不仅完美地表现了白求恩大夫聚精会神的工作状态，而且和其他人物建立起了一定的交流关系。三双手的汇聚点把人们的视线自然地引到手术上，恰当地表现了特定的事件，为塑造白求恩大夫的形象提供了有力的情节因素。

（2）光线对主体的刻画作用。我们知道，光线不仅具有在画面上形成事物整体影像的成像作用，还具有突出刻画某一特殊物体的强化作用。给某一物体以最强的光线照明，这一物体就会获得最亮的影调，从而达到突出强化的效果。其他没有受到这种光线照明的物体，其影调就会暗得多，从而失去抢夺视线的力量。为了突出白求恩大夫，作者选用了较高的正侧光，使白求恩全身处于亮处，表现他身穿灰色八路军服装，脚踏草鞋，在简陋的、几乎没有什么设备和缺乏消毒条件下，以他高超的手术技术和对工作极端负责任、对伤员极端热忱的形象。对三名协助手术的中国医生，处理得也很巧妙：其他医务人员虽然是构成白求恩大夫抢救伤员这一特定情节必不可少的辅助因素，但由于他们是陪体，不能过多地抢夺视线，其中的两个自然地处于阴影之中，而另一个虽然也在直射阳光下，但作者巧妙地选择了他弯腰的瞬间，使他成为一个不完整的形象。这样，三名中国医生均处于陪体地位，烘托出白求恩的伟大形象，突出了白求恩大夫最富有表现力的表情和动作。光线的动用和巧妙的瞬间使白求恩大夫从其他人物中明显地凸显出来了。

（3）典型的环境使这幅作品具有深沉的历史感。这幅作品把具有中国建筑特点的庙房檐作前景，以隐约可见的庙内佛龛、佛像为背景，将白求恩和中国医生的全景安排在画面的正中，使这个有中国农村庙宇特点的场景和战争中的艰苦环境结合在一起，表现出强烈的时代特点和时代人物的真情实感。农村的一所破旧的庙宇以及房檐、壁画，富有独特的中国建筑风格。用马鞍搭成的手术台说明工作条件的简陋和艰苦。白求恩大夫就是在这样的环境中一丝不苟、严肃认真地工作着。这就为白求恩大夫塑造了一个十分典型的环境，有力地表现了他崇高的国际主义精神。

（4）典型动作的抓取和表现。画面的构思、选择、构图以及光线的处理等，前面已作了论述。而画面拍摄瞬间的选择，作者也下了很大的功夫。作者根据白求恩大夫手术的环境在他沉着、全神贯注、准确地动刀的关键节点，以及三位中国医生专心致志地保证大夫开刀的瞬间，按下快门，充分表现出了白求恩的高大形象，体现了毛泽东同志在纪念白求恩大夫的文章中提出的"毫无自私自利之心的精神，只要有这点精神，就是一个高尚的人，一个纯粹的人，一个有道德的人，一个脱离了低级趣味的人，一个有益于人民的人"的评价。

《白求恩大夫》这幅作品享誉国内外，而且经受住了时间的考验。人们每当看到这幅作品，就受到一次深刻的共产主义精神的感染、启迪和教育，是一次极大的美的享受。它是摄影艺术的珍品。

复习题

1. 摄影作品赏析的角度有哪些？

2. 请简述摄影作品赏析的要素。

3. 怎么鉴别摄影作品的优劣？

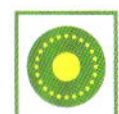

实训项目

选择近几年国内外摄影大赛的获奖作品，根据本章内容分析作品的优劣。

参考文献

[1] 彭国平，张宗寿 . 大学摄影基础教程 [M]. 杭州：浙江摄影出版社，2005.
[2] 佳影在线 . 摄影构图 [M]. 北京：中国青年出版社，2009.
[3] 沙占祥 . 照相机及其使用 [M]. 沈阳：辽宁美术出版社，1995.
[4] 蓝江平 . 摄影技术基础 [M]. 武汉：华中科技大学出版社，2006.
[5]〔英〕大卫・普拉克尔 . 摄影构图 [M]. 赵阳，译 . 北京：中国青年出版社，2007.
[6] 搜狐网：《虞旻子：第 28 届全国摄影艺术展作品赏析——艺术类作品（单幅）》，https://www.sohu.com/a/519430791_121124764，2022 年 1 月 27 日 .